서울 옛길 사용설명서

서울 옛길 사용설명서

서울 옛길, 600년 문화도시를 만나다

서울 옛길 12경에서 만난 서울 한양의 역사·문화·인문의 향기

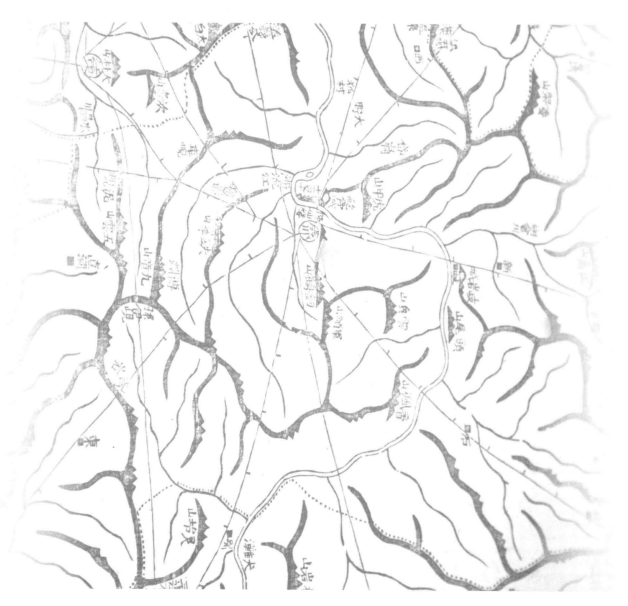

창해

서울 옛길 사용설명서, 600년 문화도시를 만나다
서울 옛길에서 만난 길 위의 인문학

서울은 조선의 도읍인 한양으로 6백년의 역사를 자랑하는 고도(古都)이다. 그리고 서울은 산, 내, 길, 다리가 어우러진 인문의 도시이다. 곳곳에는 시대의 흔적과 삶의 모습이 담겨 있다. 마치 인체의 핏줄처럼 서로 연결되어 한 폭의 그림처럼 눈에 들어온다.

이 책 《서울 옛길 사용설명서》는 서울자유시민대학의 제2차 민간연계시민대학 운영사업인 '서울 옛길 문화콘텐츠 발굴과 활용' 프로그램의 일환으로 기획되었다. 저술작업에 참여한 시민들은 2019년 한여름의 열기를 친구삼아, 역사인문 지식공유 활동을 통해 옛길 12경을 답사하고, 곳곳에 스며 있는 문화콘텐츠를 발굴하였다. 그 노력의 결실이 바로 이 《서울 옛길 사용설명서》이다.

또한 《서울 옛길 사용설명서》는 6백년 전의 한양으로 돌아가서 그때의 사람들이 걷고 대화하고 머물던 주요한 12길의 현장을 현실로 불러내고, 문화지리, 역사지리, 인문지리의 관점으로 길 위의 역사, 문화, 정보를 찾아내서 거기에 스며 있는 진주를 발굴한 문화답사 안내서이다.

이 책에서 다루는 서울 옛길 12경은 인왕산, 북악산, 낙산, 남산에서 흘러 내리는 10 개의 물길과 한양의 동서를 가로지르는 2개의 길을 말한다. 집단지성을 만들어가는 시민들이 서로 역할을 분담하고, 자료를 찾고, 현장을 답사하고, 사진을 촬영하고, 내용을 구성하여 훌륭한 결과물을 세상에 내보였다.

과거와 현재가 공존하는 도시에서 역사와 문화의 현장을 걷는 일은 무척이나 행복하다. 서울 옛길은 그런 서울의 역사와 문화가 살아 숨쉬는 길 위의 인문학이다 옛길을 거닐면서 생각을 나누고, 이야기를 모으고, 역사의 숨결을 더하여 더욱 멋진 역사콘텐츠로 성장하기를 바랄 뿐이다. 그리고 이 책이 이러한 행복의 조미료가 된다면 더할 나위 없는 보람이 될 것이다

아름다운 결과물에 담긴 이 책의 많은 자료와 내용은 《서울의 옛 물길과 옛 다리》, 〈위키백과〉, 《한경지략》, 그리고 다수의 옛길 관련한 논문에서 뽑아 정리하였다. 지면을 빌어 모든 선학들의 노력에 고마움의 인사를 드린다.

끝으로 이 책이 '서울 옛길 현장답사 사용설명서'로 생명력을 지속하면서 많은 이들의 손에 들려 서울 옛길 12경의 발걸음에 훌륭한 동반자가 되기를 진심으로 희망한다.

2020. 07. 01
오정윤(한국청소년역사문화홍보단 대표)

차례

1 한양도성, 산과 내와 길이 흐르는 문화도시
서울 옛길에 숨쉬는 한양의 멋과 흥과 삶의 향기

오정윤
한국청소년역사문화홍보단 대표
aguta@naver.com

윤난희
문화유산 해설사
Culture Heritage Instructor

서울의 역사는 한국사의 통사와 그 궤를 같이한다. 그만큼 역사와 문화의 연원이 깊다는 뜻이다. 조선시대의 서울은 오늘날 대한민국의 서울을 만든 토대이다. 따라서 오늘의 서울은 조선의 한양이다. 서울의 시공간은 조선의 시공간과 상당 부분이 겹친다는 의미이다.

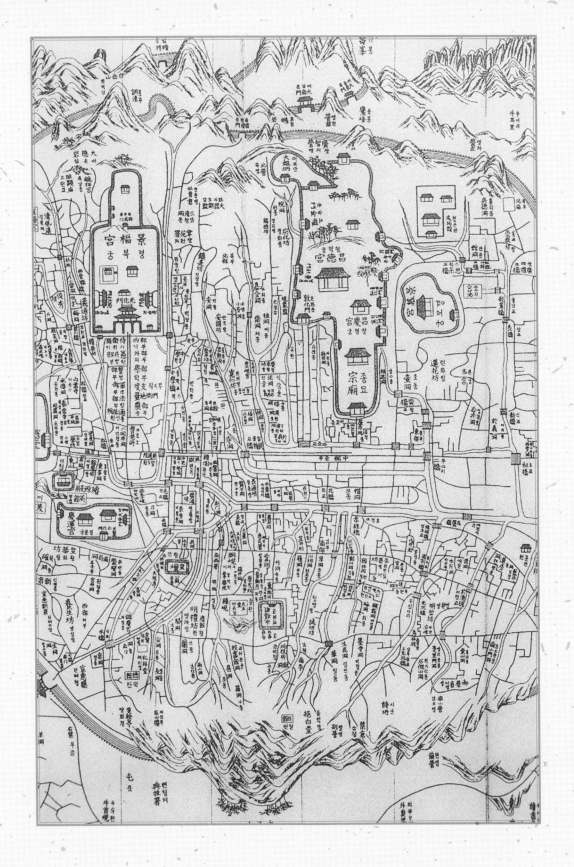

1. 한양, 세상의 중심으로 등장하다

　서울의 땅이름은 한양이고, 관청의 기준으로는 한성부이고, 이것을 종합하여 한양도성이라고 부른다. 한양(漢陽)은 한강의 북쪽을 뜻한다. 한강의 남쪽은 한음(漢陰)이라고 일컫는다.

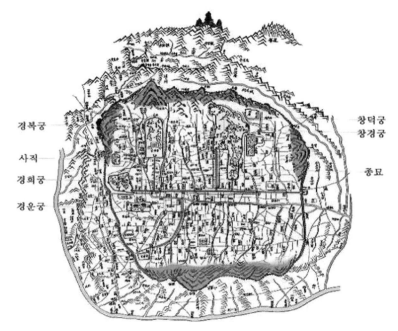

한양, 세상의 중심으로 등장하다

　서울에는 조선의 역사와 문화를 대표하는 궁궐, 종묘, 사직단, 문묘, 성균관, 선농단, 선잠단, 환구단 등이 여전히 남아 있다. 그런데 이것들은 조선시대 왕권과 사대부들이 주도한 정치의 핵심이고, 통치권의 상징이기 때문에 일반백성의 삶과 땀과 발걸음과 향기가 제대로 드러나지 않는다.

　조선시대 서울 한양은 산[山], 내[川], 길[路], 다리[橋]의 도시이다. 마치 인체의 핏줄처럼 연결되어 한 폭의 그림처럼 눈에 들어온다. 서울 옛길 12경은 인왕산, 북악산, 낙산, 남산에서 흘러 내리는 10개의 물길과 한양 남산 자락의 동서를 가로지르는 2개의 길을 말한다. 그리고 서울 옛길 12경을 전체적으로 조망하기 위해서는 서울 한양의 중심을 이룬 운종가(종로), 육의전(시전), 청계천을 우선 알아야 한다.

2. 한양도성의 도로망

한성부의 지리적 범위는 북쪽의 북한산, 남쪽의 한강, 동쪽의 중랑천, 서쪽의 사천(모래내)이며, 한양도성은 북악산, 목멱산(남산), 낙산과 인왕산을 에워싸는 형세로 조성되었다. 한성부의 관할구역은 《세종실록지리지》경도(京都) 한성부조에 보면 "성내(城內)를 벗어나 성저10리까지 확대가 되었는데, 북쪽은 대체적으로 북한산 안쪽, 남쪽으로는 한강과 노도(鷺渡:노량진), 동쪽으로는 양주 송계현(松溪院)과 대현(大峴), 서쪽으로는 양화도(楊花渡)와 고양 덕수원(德水院)"이다.

《조선왕조실록》《세종지리지》경도 한성부 : 한양도성 축성기록

도성(都城)의 둘레가 9천 9백 75보(步)인데, 북쪽 백악사(白嶽祠)로부터 남쪽 목멱사(木覓祠)에 이르는 지름이 6천 63보요, 동쪽 흥인문(興仁門)으로부터 서쪽 돈의문(敦義門)에 이른 지름이 4천 3백 86보가 되며, 정동(正東)을 흥인문, 정서(正西)를 돈의문, 정북(正北)을 숙청문(肅淸門), 동북(東北)을 홍화문(弘化門)【곧 동소문(東小門).】, 동남(東南)을 광희문(光熙門)【곧 수구문(水口門).】, 서남(西南)을 숭례문(崇禮門)【곧 남대문.】, 소북(小北)을 소덕문(昭德門)【곧 서소문(西小門).】, 서북(西北)을 창의문(彰義門)이라 하였다.

조선왕조는 한성부 경내에 종묘사직과 경복궁, 한양도성을 축조하고, 이어서 관청의 축조에 들어갔다. 《주례 고공기》의 면조후시(面朝後市)의 예에 따라 경복궁의 앞쪽에 의정부, 이조, 호조, 예조, 한성부와 병조, 형조, 사헌부, 공조, 포도청을 건설하였다. 주작대로는 6조-운종가-종각-광통교-홍례문으로 이어지는 활 궁(弓)의 형태로 건설하고, 홍인문과 돈의문으로 이어지는 횡단대로(운종가)를 만들었다. 도로의 폭은 태조 시기의 9궤(九軌)에서 태종 시기에 7궤(七軌)로 축소하였다.

한양도성을 중심으로 지방과는 숭례문, 소의문, 돈의문, 창의문, 혜화문, 홍인문,

한양도성의 사대문과 사소문(서울시 자료)

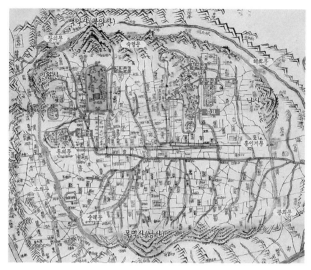
한양도성의 주요 시설

광희문과 통하는 7개의 도로가 연결되었다. 이 중에서 가장 활발한 도로는 숭례문으로 한강수로와 연결되었고, 흥인문과 혜화문은 강원도, 함경도와, 광희문과 소의문은 수원, 용인과, 돈의문과 창의문은 서북지방과 통하였다. 숙정문(북문)은 지맥을 손상시킨다는 풍수지리적 제언으로 소나무를 심고 대부분 닫아 놓았다.

조선 전기의 도로망은 후기에 이르러 10대로에 이르렀는데, 이 중에서도 의주-평양-개성-한양을 잇는 관서대로는 사행길이면서. 중국의 물자가 육로로 운송되는 중요한 도로로 기능하였다.

3. 한양도성의 성민구성(城民構成)

한양도성의 성민(城民)은 특별한 자격이 필요하였고, 거주 자체의 특혜에는 국역(國役)의 의무가 부가되었다. 그것은 수도(首都)가 갖는 정치적인 위상과 더불어 지배집단의 우월한 특권을 유지하고, 체제를 유지하기 위한 친위세력의 포진(布陣)이 우선이었다. 이를 위해 고려 귀족층은 한성에서 이주를 시키고, 사대부를 중심으로 하는 주민구성을 도모하였다.

수도 성민의 품격	지배집단의 특권유지	친위세력의 포진
수도의 정치적 위상	권력과의 유착관계 지속	왕조와 권력의 안정적 유지

조선 초기에 건국 주도세력은 한성부에서 친위세력 구축과 성리학적 이념질서에 충실한 사민(士民) 구성을 추진하였다. 이를 위해 시도한 정책이 천거제와 숙위제이다. 지방의 관찰사들은 지방에서 명망이 높은 사족(士族)을 추천하면 중앙에서는 이들을 관료층으로 흡수하였다.

또한 지방의 사족(士族) 가운데 명문가의 자제들로 하여금 한성으로 상경하여 궁궐과 도성, 관청을 숙위(宿衛)토록 하고, 이에 따른 반대급부로 토지를 분급하였다. 이는 자연스럽게 구세력의 축출과 신진세력의 양성으로 이어졌다.

천거제(薦擧制)	숙위제(宿衛制)
지역 명문가를 중앙관료층으로 흡수	구세력 축출과 신진세력의 확충 목적

이와 함께 원래 고려시대의 한양부 주민은 인근의 양주군으로 강제 이주시키고, 개성에서는 인구유입과 인구증가를 억제하고자 삶의 기본이 되는 시장개설을 금지하였다. 이는 개성의 상권을 약화시키고, 새로운 도읍인 한양으로 경제력을 집중시키는 의도였다. 나아가 개성 주민의 한양 이주를 독려하고, 군역과 요역의 면제를 특혜로 주었다. 다만 도성의 방어를 위해 군역과 요역의 성격을 방역(坊役)으로 하고, 조세는 중앙정부가 분급한 대지와 가옥에 대한 세금으로 대신하였다.

한성부 주민에게 부과된 방역의 내용은 ⑴도성 내 시설물의 수리, ⑵성곽과 도로의 보수, ⑶궁궐의 수축, ⑷도로 청소, ⑸도성 내 화재진압, ⑹도성 내 치안을 위해 설치한 경수소(京守所) 숙직, ⑺국왕이 행차를 할 때 시위, ⑻양곡의 운반 등의 일에 동원되었다.

4. 한양도성의 생활구역

한성부는 궁궐, 관청, 시장 등의 위치, 내사산과 여러 물줄기, 도로망에 따라 거주하는 주민들이 구분되었다. 거주지는 상촌, 북촌, 동촌, 중촌, 서촌, 남촌이라 한다.

한성부의 생활구역

(1) 풍수지리적으로 가장 우월한 지역에는 경복궁, 창덕궁, 육조관아 등이 자리잡았고, 왕족들과 고위 관료들이 많이 거주하였고,

(2) 수려한 산줄기를 자랑하는 북악과 응봉에도 양반세력가, 권문세가들이 자리잡았다. 오늘날의 상촌과 북촌, 서촌이 이에 해당된다. 이들은 교통, 상업, 정치적 교류, 동류의식으로 집단적인 특성을 만들었다.

(3) 세력이 미미한 선비와 양반들은 청계천 남쪽, 남산 아래쪽인 남촌에 주로 거주하였다. 청계천의 수표교 언저리인 중촌에는 의관 등 중인들이 많이 살았으며,

(4) 흥인지문과 광희문, 왕십리 지역은 군인 가족이 많았는데 그것은 이곳에 훈련원, 훈련도감이 있었기 때문이다.

(5) 청계천 육의전과 장통교 일대에는 상인들과 일반 서민들이 살았는데 자연환경은 그다지 좋지 않았지만 시전이 상주하고 있어 생계를 위한 거주가 목적이었다.

5. 청계천, 도성의 물길이 모이다

서울의 인문지리는 산과 물과 길이 만든다. 15세기를 기준으로 깊은 산(山)과 많은 내[川]와 곳곳의 길[路]이 어우러진 세계의 대도시는 서울이 유일하다. 그만큼 서울은 산의 도시이고, 내의 도시이고, 길의 도시이다. 산과 내와 길이 만나는 곳에 다리가 있고 삶이 숨쉰다.

청계천, 한양의 중심을 흐르다   광통교, 한양의 남북을 잇다

　한양도성은 내사산(內四山)인 인왕산, 북악산, 타락산, 남산에서 흘러내리는 30여 개의 물줄기와 100여 개의 다리가 촘촘하게 교통로를 형성한 산과 내와 다리의 도시이다. 옛날의 수로는 대부분 복개되어 흔적을 찾지 못하고, 그 위를 자동차가 달리기 때문에 조선시대의 한양도성을 생각해 내기는 거의 불가능하다.

　다만 내사산의 외곽을 흐르는 서쪽의 홍제천과 동쪽의 중랑천, 그리고 서울의 중심부를 흐르는 청계천에 물이 흐르고 있어 그나마 예전 한양의 수로(水路)를 파악하고 상상하는데 도움을 줄 뿐이다. 아쉽게도 수로와 다리의 상실은 조선시대 한양의 인문지리적 역사성이 사라졌다는 의미이다. 인왕산과 북악산과 남산에서 흐르는 물줄기는 청계천에 합수하는데, 주요한 다리는 모전교, 광통교, 장통교, 수표교, 마전교, 오간수문 등이 있다.

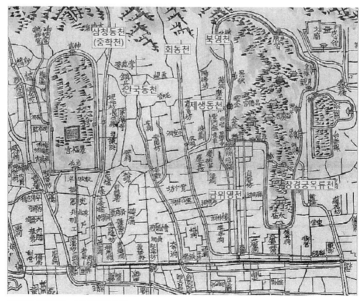

북악에서 흐르는 서울의 옛 물길

인왕산 자락에서 흐르는 대표적 물줄기는 백운동천(자수궁교, 종침교), 옥류동천(기린교, 운교), 사직동천(승전색교)이 있으며, 북악산에서 원류하는 물줄기는 백운동천, 대은암천(영제교), 삼청동천(중학교, 혜정교), 안국동천(통운교, 섬교), 회동-제생동천(침교, 종묘전교, 이현동교), 금위영천, 북영천(창덕궁 금천교), 창경궁 옥류천(창경궁 옥천교), 성균관 흥덕동천(성균관 전교, 관기교), 황토현의 정릉동천(덕수궁 금천교, 군기시교)이 있다.

동쪽의 타락산에서 흐르는 물줄기는 성균관 흥덕동천과 외곽의 안암천(안암천교)에 합수하는 작은 내들이 있다. 남산 자락은 가장 많은 물줄기가 청계천으로 합수하는데, 창동천(미장동교), 회현동천, 남산동천(동현교), 이전동천, 주자동천(주자동교), 필동천(필동교), 생민동천, 묵사동천(염초교), 쌍이문동천(훈련원교), 남소문동천(이간수문)이 있다. 서울시는 이 중에서 중구와 종로의 서울 옛길 12개를 뽑아 서울 옛길 12경으로 명명한 바가 있는데, 《서울 옛길 사용설명서》라는 책이름으로 세상에 다시 선보이는 것이다.

서울 옛길 12경의 물길은 모두 청계천으로 모인다. 청계천은 한양을 숨쉬게 만드는 대동맥이고, 서울 옛길은 실핏줄이다. 따라서 청계천의 상류와 하류를 관통하면 서울 한양의 모든 것이 한눈에 들어온다.

6. 육의전, 물길은 시전과 짝을 이루다

한양도성의 경제구조는 시장이 기본이지만, 유통과 소비는 궁궐과 제사를 중심으로 이루어졌다. 시전은 평시서(平市署)의 시안(市案)에 등록하고 상세(商稅)를 납부하는 조건으로 사사로운 장사와 난전(亂廛)을 통제하고 이익을 독점하였다.

한양도성 내부의 시장거래는 운종가의 육의전이 중심이었다. 순조 원년인 1801년에 2개의 시전이 추가되어 8주비전이라 하였는데, 1440년(세종 22)에 운종가 십자로 중간에 종루가 세워져서 운종가는 종로라고 불리기 시작하였다. 운종가는 현재의 종각을 기준으로 동쪽은 연화방(연건동), 서쪽의 혜정교(광화문), 남쪽의 훈도방(을지로2가), 북쪽의 안국방(견지동)이다.

시전상인들과 다르게 문앞이나 처마밑에 점포시설을 갖춘 여항소시(閭巷小市)가 생겨나고, 동부채(東部菜), 칠패어(七牌魚), 남주북병(南酒北餠 : 남산은 술, 안국동은 떡)이 등장하고, 마

육의전, 한양 상권의 중심지   피맛골, 운종가(종로)의 뒷골목

포 세우젓, 염리동의 소금, 송파 우시장 등이 성업하였다. 이에 대한 시전상인들의 저항
도 거세졌다.

　17~18세기부터 상업의 성장과 도시인구의 증가, 도시구역의 확대에 따라 1399년에 처
음 설치된 1물1전 원칙의 시전체제가 역할을 하지 못하자 곳곳에서 평시서에 등록한 신
전(新廛)이 생겨났는데, 주요 목적이 상거래가 아니고 나전을 통제하여 이익을 거두는 폐
단으로 이어졌다. 결국 이러한 시장체제의 동요는 1791년에 금난전권이 폐지되는 신해
통공(辛亥通共)으로 자본주의적 시장경쟁 체제가 도입되기 시작하였다.

　상인의 조직은 (1)한성, 평양, 의주, 개성, 동래 등 시전상인, (2)지역의 객주와 여각, (3)
대동법 실시 이후에 등장한 공인(貢人), (4)개인상인들로 구성된 보부상 등이 있었다.

7. 서울 옛길, 걷다보면 길에는 이야기가 쌓인다

　한양을 둘러싼 내사산인 인왕산, 북악산, 낙산, 남산, 한양의 행정구역인 한성부, 내
사산을 넘나들며 한성부를 지키는 한양도성, 내사산에서 흘러 내리는 여러 동천(洞川),
물줄기가 모이는 청계천, 청계천을 따라 한양성민의 삶을 좌우한 육의전은 서울 옛길
12경을 만든 문화콘텐츠이고 역사콘텐츠이다.

　과거의 시간에는 한양 옛길에서 사람들이 걷고 만나고 살면서 수많은 이야기를 쌓았
다면, 이제 한양 옛길을 덮은 새로운 도로, 그 곁에 들어선 새로운 건물과 사람들이 새
로운 이야기를 만들고 있다. 그리고 과거의 옛길과 현재의 길이 만나 이제《서울 옛길
사용설명서》에서 이야기의 꽃을 피운다.

2 내사산(內四山), 한양의 역사와 문화를 품다

인왕산, 북악산, 낙산, 남산의 향기

주정자
궁궐문화원 문화유산 전문해설사
todayisnumber1@hanmail.net

박미정
성남청소년역사인문학교
mijung703@naver.com

김미애
한솔교육 논술 교사
miae5576@naver.com

우덕희
궁궐문화원 문화유산 전문해설사
dducky01@naver.com

경주, 평양, 개성, 서울(한양)은 역대 왕조의 도읍지였다. 이 도시들이 오랜 기간 한 나라의 수도로서 역할을 할 수 있었던 이유 중에는 주변을 둘러싼 산과 교통로로서 역할을 할 수 있는 강을 끼고 있다는 지리적 요인이 매우 컸다. 특히 경주, 개성, 서울의 경우 동서남북으로 산이 둘러싸고 있고 가운데는 평지가 펼쳐진 분지 지형이다. 분지 지형의 장점 중 하나는 주변의 산을 이용해 외부의 공격을 막기에 유리하다는 것이다.

특히 한양의 경우 내사산(內四山)과 외사산(外四山)으로 통칭하는 산들이 이 중으로 둘러싸고 있어 조선의 새로운 도읍지로 낙점되는 중요한 이유가 되었다. 태조 이성계는 내사산-인왕산, 백악, 낙산, 남산-의 능선을 따라 도성을 쌓고, 수도 방어와 경계로 삼았다.

인왕산, 백악, 낙산, 남산은 각자의 산이 가진 특성에 따라 조금씩 다른 모습으로 도성 사람과 만났고, 산이 품은 계곡이 흘려보낸 물줄기를 따라 사람들의 삶이 모여들었다.

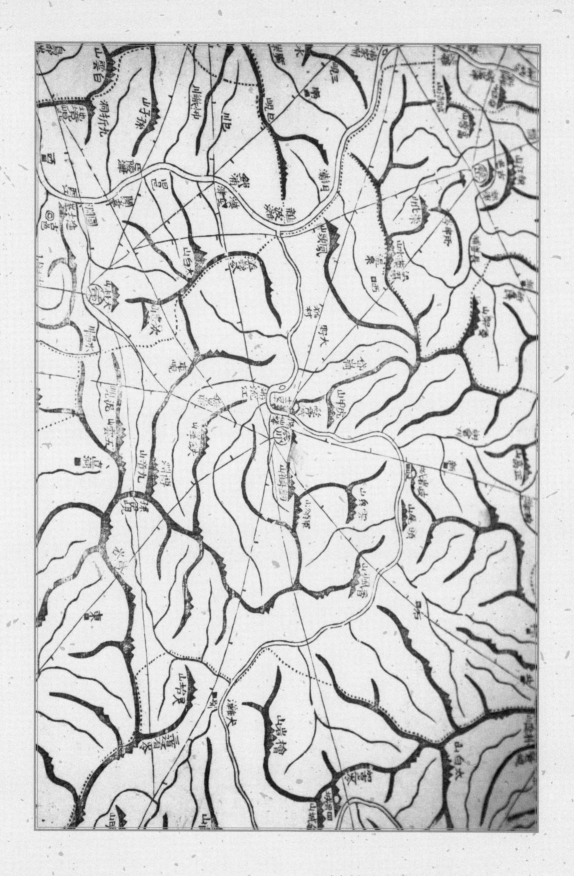

1. 인왕산, 더하지도 덜하지도 않은 산

유교국가인 조선에서 불교의 색을 띤 이름을 가진 산 , 인왕산
무뚝뚝한 바위들 속에 푸른 소나무를 가득 품은 산, 인왕산
넉넉하지는 않지만 비가 오면 시원하게 물줄기를 내어주는 산, 인왕산
그래서 다양한 사람들의 이야기를 기억하는 산.

1) 인왕산, 이름을 얻다

인왕산은 한양의 서쪽에 자리 잡은 바위산이다. 그래서 서봉(西峯), 서산(西山)으로 불렸다. 그러다 세종 연간에 인왕산이란 이름을 얻었는데, 이 산에 인왕사(仁王寺)가 있어 붙여진 이름이라는 기록이 《광해군일기》에 전한다. 인왕은 원래 불교에서 부처와 불법을 지키는 신이다. 불교식 이름 때문일까? 이곳에는 유교와는 색을 달리하는 종교적 장소가 여러 곳 있다. 무학대사와 태조의 상 또는 태조 부부의 상이라는 설화가 전하는 선바위, 목멱신사라고 불리던 국사당(원래 남산에 있던 것을 일제강점기 일본이 인왕산으로 옮겨놓았다.), 조선시대의 것은 아니지만 인왕사란 이름을 단 절이 대표적이다.

오성 이항복의 호로 알고 있는 '필운(弼雲)'도 인왕산의 또 다른 이름이다. 조선 중종 32년(1537) 당시 명나라 사신으로 온 공용경에게 백악과 인왕산의 새로운 이름을 청하자 공용경은 '우필운룡(右弼雲龍), 오른쪽에서 임금을 보필한다.'에서 따온 '필운(弼雲)'이라는 이름을 주었다고 한다. 하지만 필운이라는 이름은 인왕산 자락의 지명으로만 남아 있을 뿐 인왕산의 이름을 대신하지는 못했다,

2) 인왕산, 역사의 흔적을 찾다

처음 한양에 도읍을 정할 때 주산을 인왕산으로 할 것인지, 백악으로 할 것인지 논란이 있었다. 그와 관련된 설화가 차천로가 쓴 《오산설림》과 《한경지략》에 전한다. 당시 태조가 도성의 위치를 묻자 무학은 인왕산을 주산으로 하고 필운대 일대를 궁터로 하자고 주장했고, 정도전은 제왕은 남쪽을 향한다는 고사를 들어 백악을 주산으로 삼아야 한다며 대립했다. 결국 정도전의 주장이 받아들여지고, 이에 무악은 조선 개국 200년 뒤 자신의 주장을 듣지 않은 것에 대해 다시 생각하게 될 것이라는 말을 남겼다고 한다.

이와 비슷한 이야기는 한양도성의 축성과정에도 나타나는데, 바로 선바위를 도성 안으로 들일 것인지 말 것인지에 대한 것이다. 이 역시 조선이 유교국가임을 내세워 선바위를 도성 안에 들이면 불교가 다시 융성할 것이라는 정도전의 주장에 따라 도성밖에 두었다고 한다. 이러한 설화들은 당시 개국세력들이 불교계와 유교계로 나뉘어 대립이 있었음을 짐작할 수 있다.

인왕산은 현대에 들어 한동안 일반인들의 출입이 금지되기도 했다. 그 이유는 1968년 있었던 1·21사태 때문이다. 당시 북한의 무장공비가 청와대를 습격하여 대통령을 제거하려다 미수에 그친 사건이 있었다. 이때 무장공비들이 청운동 세검정을 통과하는 과정에서 검문에 걸렸고, 저항을 하다 사살되었는데, 유일한 생존자인 김신조가 인왕산에서 체포되었다. 이때부터 안보를 이유로 인왕산 출입이 통제되었다. 통제 기간 중에도 인왕산은 도성복원작업을 진행했고, 1993년 시민에게 개방되어 현재 많은 등산객이 이용하는 시민공원으로서 역할을 하고 있다.

3) 인왕산, 자연 속에 사람을 담다

인왕산은 기본적으로 바위산이다. 그래서 선바위와 같이 사물의 모습을 닮은 기암괴석들이 많은데 그 이름들에서 면면을 알아볼 수 있다. 스님이 장삼을 입은 듯하다 이름 붙인 선바위, 모자를 닮아 모자바위, 코끼리 코를 닮은 코끼리바위, 중종의 폐비 단경왕후의 이야기가 남아 있는 치마바위 등이 대표적이다.

그러나 인왕산에 바위만 있다고 하면 오산이다. 정선의 〈인왕제색도〉에는 비 온 뒤 한껏 물 먹은 소나무들이 즐비하다. 비록 일제강점기 일본에 의해 아까시나무들이 심어져 예

국보 제216호 〈정선 필 인왕제색도(鄭敾 筆 仁王霽色圖)〉

전처럼은 아니지만 여전히 산 정상으로 갈수록 소나무들이 들어찬 모습을 볼 수 있다.

인왕산에서 발원하는 물줄기, 백운동천과 옥류동천, 사직동천이 있어 이곳을 따라 사람들이 모여들었다. 인왕산 동쪽 기슭의 청풍계는 이름에서 느낄 수 있듯이 맑은 물이 흘렀는데, 이곳은 인조 때 재상으로, 병자호란 당시 자결한 김상용의 집터였다. 또 평민 도인이었던 천수경은 옥류천 위에 초가집을 짓고, 독서를 즐기고 사람들과 시와 문학을 나누었는데, 그는 송석원(松石園) 도인이라고 불렸다.

인왕산의 또 다른 이름인 필운은 '필운대'라는 지명으로 남아 있는데, 이곳은 오성 이항복의 집터이다. 이항복은 임진왜란 당시 행주대첩을 승리로 이끈 권율 장군의 사위로 권율의 집 역시 필운대 옆이었다. 《한경지략》에 의하면 이곳이 봄철 꽃구경하기 좋은 명승 중에 하나였다고 한다.

인왕산은 비록 주산이 되지는 못했지만 서쪽 자락에 사직단이 있어 나라의 상징성을 가지게 되었다. 그래서일까 이 주변에는 왕의 기운의 가진 사람, 왕의 되려 한 사람들의 기억이 남아 있다. 세종대왕의 셋째 아들 안평대군의 무계정사지가 인왕산에 남아 있다. 왕의 기운이 서려 있다. 남사고가 예언한 사직골에서는 선조가 태어났으며, 새문동 역시 왕기가 있다 해서 광해군이 경덕궁을 세웠는데, 결국 이곳에서 태어난 정원군이 인조가 되었다. 하지만 인왕산의 기운은 그리 세지 못했는지 안평대군은 왕이 되지 못했고, 선조와 인조도 역사적으로 그리 좋은 평가를 받는 왕은 아니었다.

4) 넘치지도 부족하지 않은 산

인왕산은 한양의 서쪽을 지키는 산이다. 백악처럼 경복궁을 든든히 받쳐주는 위엄은 부족하지만 넓게 팔을 펼쳐 주변을 아우르고, 남산처럼 풍요롭지는 않지만 넉넉한 자연으로 사람들을 품어주는 산이다. 유교국가에서 불교 및 다양한 무속신앙의 명맥을 유지하며 사람들의 기원의 대상이 되기도 했던 산이다. 그래서 넘치지도 부족하지도 않은 적당한 산이다.

2. 북악, 한양을 내려다보는 편안함

백악은 서울을 둘러싸고 있는 내사산 인왕산, 목멱산, 낙산 중 한가운데 위치한 산으로 서울의 주산으로 경복궁 북쪽에 채 피지 않은 모란꽃 송이 모양으로 우뚝 솟아 있다. 남산에 대칭하여 북악이라 칭했으며, 일명 백악, 공극산, 면악이라고 불리었다.

1) 백악의 명칭

옛 문헌《태조실록》에 면악은 곧 백악이고, 백악은 곧 북악인 것이다.

《문헌비고》〈여지고 산천조〉에도 "백악을 일명 면악이라 한다. 북부에 있다."라 하여 면악이 곧 백악임을 밝혔듯이, 오늘의 북악은 일명 백악이라 불리었고, 고려시대에는 면악이라 하였다.

또《한경지략》에 "백악이 도성 북쪽에 있는데 평지에 우뚝 솟아났고, 경복궁이 그 아래 기슭에 있다. 서울 도성을 에워싼 여러 산 중에 이 산이 우뚝 북쪽에 뛰어나니 조선왕조 국초에 이 산을 삼고 궁궐을 세운 것은 잘된 일이다."라고 하였다.

이처럼 북악은 서울의 지형상 배산임수의 뒷산으로 북쪽에 위치하여 남쪽으로 시가지를 품고 있는 자연지리 및 풍수지리상의 위치에서 붙여진 이름이라 하겠다. 이러한 북악은 서울도성 안 북쪽에 342.4m로 높이 솟아 있어 고려시대 이래로 주목되었고, 조선시대에는 그 남쪽에 궁궐을 지었다. 그 후 오늘날까지 우리 민족사의 중심무대가 되었다.

현재 북악은 청와대가 있어 일반인의 등산이 금지되어 있으나, 1967년까지는 청와대 뒤의 북악 일대도 가벼운 등산길이었다. 그런데 1968년 1월 21일 북한 무장 공비들이 이곳까지 침투해 온 사건이 발생하여 수도권 경비 강화를 목적으로 통제되었다가, 2007년 시민들에게 개방되었다.

백악산 전경(남면)

백악 한양도성

조지서 터

2) 사적과 문화재

백악신사는 조선 태조는 나라를 개창하고 수도를 서울로 옮긴 뒤인 1395년 12월에 북악인 백악 산신을 진국백에 봉하는 한편, 남산 산신을 목멱대왕에 봉하여 국가에서 제사토록 하고 일반인이 제사하지 못하게 하였다.

백악신사는 북악의 정상에 있었으며, 해마다 봄과 가을에 제사를 지냈다.

도성과 성문은 서울 성곽은 그 축성 시기를 조선 태조간, 세종간, 숙종간과 그 이후의 3시기로 크게 나누어 볼 수 있다. 한양으로 도읍을 옮긴 태조 이성계는 1395년 궁궐과 종묘공사가 거의 끝날 무렵인 9월 26일에 각 도의 민정을 동원하여 도성을 쌓게 하였다. 그리고 태조 자신이 직접 수차에 걸쳐 산에 올라 성터를 살펴보기도 하였다. 정도전이 백악, 인왕산, 남산, 낙산에 올라 실측한 성터는 4산을 연결한 도성이었다.

서울 성곽은 홍인문, 돈의문, 숭례문, 숙정문의 4대문과 홍화문, 소덕문, 광희문, 창희문의 사소문이 있어 도성과 지방8도를 연결하였다. 이 중 북악 기슭에는 동쪽으로 숙정문과 혜화문이 있고, 서쪽으로 창의문이 있었다.

조지서는 조선시대에 종이 만드는 일을 담당한 관청이다. 태종 15년(1415)에 서울 창의문 밖 장의사동에 조지서라는 명칭으로 설치되어 세조 12년(1446)에 조지서로 개칭하였다.

3) 백악에서 흐르는 물길들

백악산은 세 개의 골짜기로 나뉘는데 서쪽 사면에서 경복궁 오른쪽으로 흘러내리는 것이 백운동천이고, 동쪽 사면에서 경복궁 왼쪽으로 흐르는 것이 삼청동천길이며, 백악산 북서쪽 사면을 돌아 흐르는 것이 백석동천이 흐르는 것을 알 수 있다.

3. 낙산, 청룡을 꿈꾸는 낙타가 쉬는 곳

낙산은 한양도성의 내사산 중 하나로 해발 125미터밖에 되지 않는 낮은 산이다. 주산인 북악의 동쪽에 위치하여 좌청룡에 해당하고 산의 모양이 낙타와 같아서 낙타산(駱駝山), 타락산(駝駱山)이라 부르기도 한다. 행정구역으로 보면 종로구 이화동, 동숭동, 창신동, 동대문구 신설동, 성북구 보문동과 삼성동에 걸쳐 있다.

1) 한양 5대 명승지의 하나

지금은 상상할 수 없지만 예전에는 숲이 우거졌고, 깨끗한 수석과 약수터가 있었다. 특히 낙타 유방에 해당하는 곳에 두 곳의 약수터가 있었는데 이화동약수와 신대약수로 사시사철 사람들의 발길이 끊이지 않았다. 이 약수가 있던 낙산 서쪽 산록 지역을 쌍계 동(雙溪洞)이라 불렀는데 암석이 기이하고 수림이 울창하여 맑은 물이 흐르는 절경으로 삼청, 인왕, 백운, 청학과 더불어 도성 내 5대 명승지로 꼽혔다.(성현의《용재총화》기록) 따라 서 조선시대의 왕족, 문인, 가인들이 즐겨 찾던 곳으로 정자나 별서를 지어 아름다운 풍 광을 즐겼다.

2) 석양루의 석양

태종 때 박은(朴訔)이 살면서 잣나무를 심고 백림정(柏林亭)을 지어 풍류를 즐겼으니 백 동, 백자동, 잣나무골이라는 지명이 생겨났다. 백동은 현재 혜화동으로 바뀌었는데 한 국 가톨릭과 첫 인연을 맺은 베네딕트수도회는 이곳에 백동수도원을 설립했었다. 또 신 숙주의 손자로 중종 때 학자인 신광한의 집도 타락산 아래 있었다. 사람들은 신광한의 집을 신대명승지지(申臺名勝之地)라고 불렀다. 여기서 신대동, 신대골이라는 이름이 붙여졌 다. 신광한의 집 뒤에 있는 석벽이 매우 기묘하고, 이곳에 있던 신대우물은 맑고 차며 풍광이 아름다워 영조 때 서화가 표암 강세황은 '홍천취벽(紅泉翠壁)'이라는 글을 새겼다 고 한다. 그러나 아무리 가물어도 수위가 변하지 않았던 우물도 낙산 기슭에 집들이 들 어서면서 매립되었고, 강세황이 새겼던 글씨도 자취를 감추었다. 인조의 셋째 아들이자 효종의 아우로서 중국 심양(瀋陽 : 선양)에 볼모로 같이 끌려갔던 인평대군의 집이 낙산 아래에 있었다. 그 집에는 석양루(夕陽樓)라는 정자가 있었는데 기와 벽돌에 그림을 새겨 넣었으며, 넓고 화려해 여러 제택 중에 제일이었다고 한다.

3) 이상설의 숨결이 머문 곳

근세에는 헤이그 특사 중의 한 분인 이상설의 별장이 낙산에 있었다. 이상설은 이곳 에서 고종의 명령을 받고 을사늑약의 부당함을 세계에 알리고자 만국평화회의에 참석 하기 위해 헤이그로 떠났다.

광복 후에는 이승만 대통령이 낙산 자락 이화동에 이화장을 마련하여 이곳에서 초대 국회의장에 당선되었고, 이어서 초대 대통령에 당선되어 경무대로 이사하였다. 특히 이 곳에 있는 '조각당'은 1948년 7월 20일 대통령에 당선된 후 초대 내각을 구상한 곳이다. 그러나 4·19혁명으로 하야하여 다시 이화장으로 돌아왔고 한 달 뒤 하와이로 떠나 이 듬해 숨을 거둔다.

이렇듯 낙산에는 많은 유명인사들이 주거를 마련하고 풍류를 즐겼으며 많은 시민들의 발길이 끊이지 않는 수려한 경관을 자랑하고 있다. 그러나 근래에 와서는 산중턱까지 아파트가 들어서고 산 정상까지 서민주택이 들어서면서 도로가 개설되었다. 1969년 낙산시민아파트가 들어서면서 낙산이 지닌 모습과 문화와 역사가 돌이킬 수 없는 상처를 입었고, 소방도로를 내기 위해 서울 성곽이 통째로 잘려나갔다. 지금 이 길로는 마을 버스가 다니고 아파트 자리에는 낙산공원이 조성되어 2002년 6월 12일에 개원되었다.

낙산은 한양도성의 동산(東山)으로 성곽은 그 능선을 따라 수축되었는데, 주봉의 북쪽 끝은 홍화문(혜화문)이, 남쪽 끝은 흥인지문이 각각 설치되었다. 흥인지문은 태조 때 도성을 수축하면서 건설되었는데, 숭례문과 더불어 홍예문과 문루의 공사가 늦어져 홍예문은 태조 6년(1397년)에 완성되었고 옹성과 문루는 다음 해인 1398년에서야 완성된다.

성문(城門) 중에 가장 낮은 위치에 건설된 흥인문은 내사산의 물이 모두 모여 흘러나가는 청계천과 가깝다. 따라서 지대가 낮고 땅이 무르다. 세월이 지나면 무거운 동대문은 주저앉게 되고 보수가 필요했다.

현존하는 흥인지문은 1958년 보수공사 때 발견한 상량문으로 고종 6년(1869년)에 완공한 것을 알 수 있다. 공사는 훈련도감에서 담당하였고, 기단석까지 해체하여 8척이나 돋우웠으며 홍예와 문루까지 단 165일 만에 완료하였다.

4) 동소문도에 숨쉬는 혜화문

혜화문은 도성의 동북쪽에 위치하여 함경도 등 북방으로 통하는 경원가도의 관문으로 홍화문(弘化門), 속칭으로 동소문(東小門)이라 불렀다. 그런데 성종 14년(1483년)에 창경궁이 새로 건립되면서 정문을 홍화문이라 정하자 중종 6년(1511년)에 혜화문(惠化門)으로 고쳐 부르게 했다. 이 문은 북쪽의 숙정문이 항상 닫혀 있었으므로 여진의 사신이 조공차 한양에 입성할 때 이용하던 문이었다.

당시 여진 사신의 숙소는 북평관이었는데 현 '한양도성박물관' 자리에 있었다. 일제는 도시계획이라는 명목으로 1982년에 문루를 헐어버렸고, 1939년에 돈암동행 전차가 부설되면서 홍예문마저 헐었다. 뿐만 아니라 고갯마루에 건설되었던 혜화문 자리에 전차를 놓으면서 고개를 많이 깎아버렸다.

〈동소문도〉

　이후로 도로가 확장되면서 본래의 위치보다 20미터 정도 지반이 낮아졌다. 그래서 동소문로를 지나면서 성곽을 보면 한참 올려보아야 한다. 이렇게 사라진 혜화문은 1994년, 서울정도600년기념사업의 일환으로 현 위치에 복원되었다. 혜화문을 소재로 겸재 정선은 소나무숲이 우거진 〈동소문도(東小門圖)〉를 남기고 있어, 아쉬운 대로 동소문 근처의 옛 모습을 떠올려볼 수 있다.

4. 남산, 한양의 안산 그 포근함을 안고!

1) 남산의 명칭

　남산은 서울의 중앙부를 둘러싸고 있는 내사산(북악산, 낙산, 인왕산, 목멱산) 중 하나로 서울의 주산인 북악의 맞은편 남쪽에 동서로 가로놓여 있는 산이다. 조선시대 한양이 도읍으로 정해지면서 궁궐 남쪽에 있다 보니 자연스레 안산(案山)이 되고 그 방향에 따라 남산이라 불리게 된 것이다.
　《신증동국여지승람》, 《한경지략》, 《동국여지비고》에 의하면 어김없이 목멱산과 남산이라는 이름이 나온다. 기록을 살펴보면 다음과 같다.

"목멱산은 곧 도성의 남산인데 인경산(引慶山)이라고도 한다."

- 《신증동국여지승람》

"목멱산은 (중략) 흔히 일컬어 남산이라 하는데, 마치 달리는 말이 안장을 벗은 형상이고 산마루에는 봉수대가 마련되어 있다. 남산의 서쪽 봉우리 중에서 바위가 깎아지른 듯한 곳을 누에머리, 곧 잠두라고 한다. 여기에서 내려다보는 조망이 더욱 좋다."

- 《한경지략》

"목멱산은 곧 서울의 남산으로 일명 인경산이라 하며 도성이 지나간다. 인왕산 산맥이 나지막하게 남쪽으로 비스듬히 잇따라 뻗어 내려오다가 동쪽으로 불쑥 일어난 것이 남산이 되었다. 한 기슭이 동쪽에서 큰 설마와 작은 설마 두 고개를 이루고 다시 왕십리고개에 이르러 동현을 이루었다."

- 《동국여지비고》

기록에서 알 수 있듯이 남산은 도성의 남쪽에 있는 의미인 일반적인 이름이고 고유이름은 목멱산, 인경산임을 알 수 있다. 그 외에 우리말인 '마뫼'라 불리기도 하고 종남산(終南山)이라 불리기도 하였다. 그뿐만 아니라 부어현, 부어치라 적기도 하고 최근까지도 부어고개를 버티고개라 불렀다. 부어는 밝음을 의미하는 옛말로 부어고개, 버티고개는 양지바른 고개라는 뜻이다. 따라서 남산을 인경산이라 한 것은 밝은 산, 상서로운 산을 나타낸다. 이러한 의미들로 보아 남산의 여러 가지 이름들은 모두 '서울의 안산은 밝고 양지바른 목멱산, 곧 남산이며 길이길이 경사스러운 일들을 끌어들이옵소서.'라는 축원의 뜻이 담겨 있다.

2) 남산에서 만나는 볼거리들

남산에는 서울의 랜드마크인 N서울타워가 정상에 있다. N서울타워는 해발 479.7m로 세계에서 모스크바타워(해발 537m) 다음으로 두 번째로 높은 탑이다. 1969년 TV와 라디오 방송을 수도권에 송출하기 위해 한국 최초의 종합 전파탑으로 세워졌는데 1980년, 일반인에게 공개된 이후 남산의 살아 있는 자연과 함께 서울시민의 휴식공간이자 외국인의 관광명소로 자리 잡고 있다.

남산은 예로부터 자연풍광이 사계절 아름다워 많은 명사, 문인들이 문학작품을 남겼고 정도 초기에는 서울 10경 중 하나로 남산에서 꽃구경하기가 포함되었다. 일찍이 남산 북동 기슭 먹절골에는 동악시단이 있어서 선조, 인조 연간에 당대의 문장가들이 모

N서울타워   남산한옥마을   남산 경봉수

이는 명소로 장안에 이름을 떨치기도 하였다.

　남산에는 남산 산신인 목멱대왕을 모시는 국사당이 있었으나 일제가 1925년 남산에 조선 신궁을 세우면서 국사당은 지금의 자리인 인왕산 서쪽 기슭 선바위 아래로 옮겨졌다. 또 전국 각지의 경보[警報-경계(警戒)]하라고 미리 알림을 병조에 종합 보고하는 봉수대가 있고, 국사당 북쪽 골짜기에는 와룡묘가 있다. 와룡묘는 중국 삼국시대에 유비를 도와 촉한(蜀漢)을 세운 정치가 제갈공명을 봉안한 곳이다.

　그뿐만 아니라 백범광장을 비롯하여 총 4개의 광장(팔각광장, 백범광장, 안의사광장, 장충단광장)이 있으며, 국립극장을 비롯하여 남산한옥마을이 조성되어 있어서 내외국인 관광객들의 눈길을 사로잡는다. 이외에도 남산 중턱을 한 바퀴 도는 산책로를 비롯하여 안중근의사기념관 등 볼거리들이 많아 선조들의 얼을 기리는 시민들의 휴식공간으로 자리매김하고 있다.

3) 남산에서 흐르는 물줄기들

　남산 자락은 가장 많은 물줄기가 청계천으로 합수하는데. 남산의 첫 번째 동천인 창동천을 비롯해서 정릉동천, 회현동천, 남산동천, 이전동천, 주자동천, 필동천, 생민동천, 묵사동천, 쌍이문동천, 남소문동천이 있다.

　서울의 옛 지도는 한 폭의 산수화이다. 그 중심을 이루고 있는 것이 산과 물길이다. 한양의 명당수인 청계천을 중심으로 천북에서 흐르는 6개의 물길과 천남에서 흐르는 4개의 물길, 그리고 구리개와 진고개길 모두 12길에 담긴 이야기들을 담아보았다.

　어떤 물길은 아예 흔적조차 없어지고, 어떤 물길은 작게라도 남아 있어서 옛 정서를 느낄 수 있다. 시대의 변화를 통해 달라지거나 여전히 남아 있는 서울의 옛 물길의 이야기를 함께 만나보자.

3 옥류동천길, 풍류의 길을 걷다
산과 물길이 만든 예술가의 길

박경미
민속박물관회전통문화지도사
phirang@naver.com

신지연
역사문화체험지도사
kizen4581@hanmail.net

옥류동천은 인왕산 동쪽에서 발원한 수성동 물길과 옥류동 물길, 누각동 물길이 합쳐진 것으로 현재 효자동 우리은행 부근에서 백운동천을 만나 청계천으로 흘러가는 물길이다. 현재는 복개되어 구불구불한 물길 모양의 길이 형성되었으며 물길 주변은 사람들의 생활의 터전이 되어 아름다운 골목길을 만들었다.

현재 서촌이라 불리는 이곳은 조선시대 경조(京兆) 5부 중 북부에 해당하며 청계천의 상류 지역인 인왕산 기슭을 웃대라 불렀다. 1397년 5월 15일, 준수방에서 세종대왕이 태어나셨다 하여 2010년부터 세종마을이라 부르기도 한다.

조선 초기엔 법궁(法宮)의 배후지에 해당하는 인왕산 기슭을 왕족들이 독점하였으며 장동 김씨로 대표되는 경화사족(京華士族, 번화한 한양과 그 인근에 거주하는 사족)의 세거지가 되었고, 점차 궁궐 근처에 주거지를 마련하려는 궐내각사 관리들과 중인들의 공간으로 변모해 갔다. 명필가이자 금석학의 대가인 추사 김정희와 진경산수화를 그린 겸재 정선이 살았으며, 중인들에 의한 위항문학의 산실이 되었던 곳으로 이상, 박노수, 이상범, 이중섭, 민족시인 윤동주, 이여성이 거주하면서 문화예술의 혼을 이어갔다.

또한 친일파 윤덕영의 벽수산장과 독립운동가인 동농 김가진과 독립을 염원했던 예술가들의 흔적이 남아 있으며 일제강점기 시절의 모습도 만날 수 있는 곳이다.

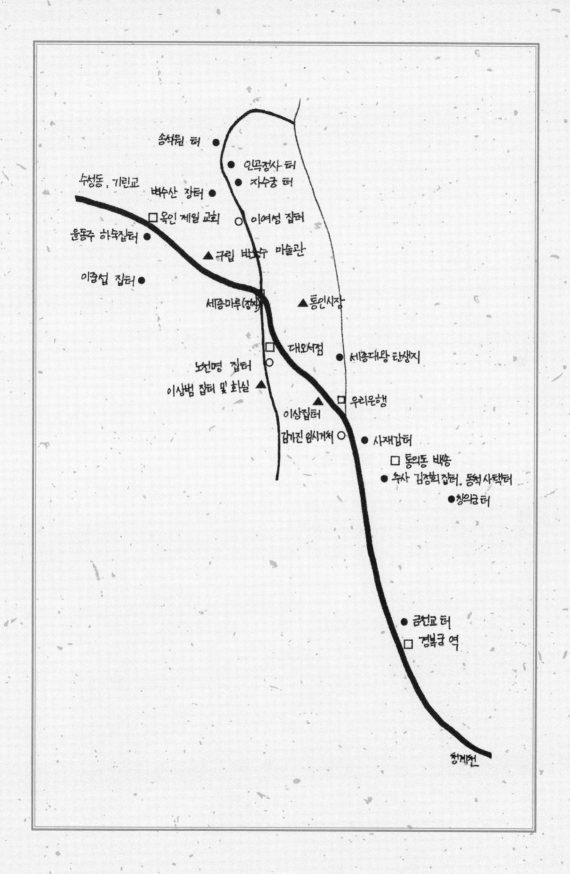

1. 수성동

  골짜기에 물이 많아 수성동이라 이름 붙여진(박윤묵의 〈遊水聲洞記유수성동기〉) 계곡은 흐르는 물소리가 맑아 많은 시인 묵객들이 사랑한 곳이었다.

  수성동은 주변 경관이 아름다워 김정희도 비 온 다음 날 이곳에 와 떨어지는 물줄기를 바라보며 시를 지었다(水聲洞雨中觀瀑수성동우중관폭). 겸재도 이곳을 장동팔경의 한 곳으로 삼아 수성동이라는 그림으로 남길 만큼 한양 최고의 명승지(《동국여지비고》, 《한경지략》) 중 한 곳이었다.

  이곳은 2012년 옥인시범아파트를 철거하던 중 아무런 장식도 없는 통돌로 만들어진, 겸재가 수성동에 그린 모습 그대로의 기린교가 발견됨으로써 주변 자연경관이 복원되었으며 서울시에선 수성동 일원과 기린교를 자연물로는 최초로 '서울시 기념물 31호'로 지정하였다.

  《동국여지비고》에 '효령대군의 집이 인왕산 기슭 넓은 골짜기 깊숙한 곳에 있으며, 비해당의 옛 집터이고 다리가 있는데 기린교'라고 기록되어 있다. 비해당은 안평대군의 집이며 비해는 《시경》의 〈증민편〉에 나오는 '夙夜匪懈 以事一人(숙야비해 이사일인)'으로 '현명하면서도 지혜롭게 하여 자신의 몸을 보존하고 아침, 저녁으로 부지런히 한 임금을 섬기라'는 당부의 뜻이 담겨져 있는 아버지 세종이 지어 준 당호였다.

  안평은 형인 수양대군이 조카 단종을 몰아내고 왕위에 오른 뒤 강화도로 유배되어져 36세에 죽음을 맞았으며, 비해당은 백부인 효령대군의 소유가 되었다.

제 모습을 찾은 수성동 기린교(왼쪽)와 겸재 정선의 〈장동팔경첩〉 중 수성동-기린교가 보인다.

안견의 〈몽유도원도〉(일본 텐리대학 도서관 소장)

비해당은 김 진사와 유영(柳泳)의 비극적인 사랑을 다룬 고대소설 〈수성궁몽유록〉〈운영전雲英傳〉)의 무대가 되기도 했다.

안평이 이곳에서 꿈속에 보았던, 어쩌면 자신이 평생 꿈꾸어 왔던 이상향을 안견에게 시켜 그린 그림이 〈몽유도원도(夢遊桃源圖)〉였다. 그리고 꿈속에 본 곳을 현실화 한 곳이 부암동 무계정사였다.

2. 윤동주 하숙집 터

잎새에 이는 바람에도 괴로워한 시인 윤동주.

누상동 9번지, 지금은 본래의 집이 헐리고 2층 다세대주택이 들어서 있다. 건물 벽 빨간 벽돌에 붙은 '윤동주 하숙집' 안내판에서 총 대신 연필로 일제에 맞섰던 25살의 고뇌하는 윤동주의 숨소리를 들어본다.

이곳은 연희전문학교를 다닐 당시, 1941년 5월부터 9월까지 잠시 거처했던 하숙집이다. 누상동 하숙집은 윤동주가 시의 싹을 틔우고 꽃을 피운 문학의 발아 장소라고 말할 수 있다.

연희전문학교 4학년에 재학 중이던 그는 일본의 혹독한 식량정책으로 인해 기숙사 급식이 갈수록 나빠지자 기숙사를 나와 후배 정병욱과 함께 이곳에서 5개월 정도 하숙생활을 하게 된다.

이 집은 함경도 출신의 항일 작가였던 소설가 김송의 집으로, 그는 일본경찰에 '요시
찰 인물'로 찍혀서 감시를 받고 있었다.

윤동주는 인왕산 자락에 올라 시상을 다듬기도 하고 해가 지면 김송 가족과 함께 저
녁을 먹고 성악가인 김송의 아내 노랫소리를 들으며 대청마루에 앉아 문학과 세상 얘기
를 나누곤 했다. 윤동주에겐 평화롭고 안정적인 시기였을 것이라 생각된다. 하지만 일
제치하에서 시를 쓰고 글을 쓴다는 것은 참으로 힘든 일이었다. 매일 저녁 고등계 형사
가 찾아와 온 집안을 뒤지고, 책 제목들을 적어가고 편지들을 빼
앗아가는 바람에 하숙집을 옮겨야 했다.

이 시기에 쓴 작품이 〈새벽이 올 때까지〉〈눈 감고 간다〉〈또
태초의 아침〉〈돌아와 보는 밤〉 등이다. 그해 11월에는 〈별을 헤
는 밤〉〈서시〉〈자화상〉의 시상을 가다듬고 시집 《하늘과 바람과
별과 시》를 준비하였다.

3. 박노수 미술관

남정 박노수 화백(1927~2013)이 1972년 매입한 뒤 40여 년간 거주하면서 작품 활동을
했던 집으로 그의 작품 500여 점과 함께 종로구가 기증받아 '구립 박노수 미술관'으로
운영하고 있다. 한국 현대 동양화단의 대표적인 화가인 박노수는 전통적인 동양수묵에

박노수미술관 전경   박노수 화백

현대적인 감각을 가미하여 개성이 뚜렷한 화풍을 확립하였다. 작품으로는 〈월향〉, 〈선소운〉 등이 있다.

누하동에 살았던 청전 이상범의 제자이자 서울대 회화과 1회 졸업생으로 이화여대, 서울대 교수를 지냈다. 남정은 1953년부터 국전에 출품하여 대통령상, 국무총리상을 수상한 국전의 대표화가였다.

이 집은 친일파 윤덕영이 시집간 딸을 위해 지어준 이층집으로 벽수산장의 일부였으며 화신백화점, 보화각을 설계한 박길룡에 의해 1층은 온돌, 마루응접실, 2층은 마루방

〈팔려가는 한양의 아방궁〉〈조선일보〉

구조로 벽난로가 3개 설치되어 있는 동서양 절충식으로 지어졌다. 이 건물은 건축사적 가치가 높아 1991년 서울시 문화재자료 1호로 지정되었다.

벽수산장은 윤덕영이 조카인 순정효황후가 황태자비로 간택되자 옥인동 47번지를 중심으로 송석원 일대를 차지한 후 지은 '한양의 아방궁'이라 불리게 된 석조 건물과 그 부속 건물로 1921년 〈동아일보〉엔 "벽돌 한 개도 범연한 것이 없고 유리 한 장도 보통의 물품을 쓰지 않았으며, 세상 사람들은 아방궁보다 아방궁을 짓는 돈이 어디서 나왔는 지 그 까닭을 더 이상히 생각했다."고 썼다. 부속 건물 중 하나인 윤씨 가옥이라 불리는 한옥은 보존가치가 있어 1988년 남산한옥마을에 그대로 모사하여 건축되었다.

친일 매국노에 의해 오염되어 버린 이곳 옥인동 일대는 18세기 훈장 천수경의 주도로 형성된 송석원시사(옥계시사)가 열렸던 곳으로 중인문학인 위항문학의 대표적인 산실이었다. 장혼이 말한 "장기나 바둑으로 사귀는 것은 하루를 가지 못하고 술과 여색으로 사 귀는 것은 한 해를 넘지 못한다. 오직 문학으로 사귀는 것만이 영원하다."라는 말이 시사 결성의 이유라 생각된다.(《이이엄집而已广集》). 주요 인물은 김낙서, 박윤묵, 장혼 등 학문과 관련이 있는 중인 지식인들이었다.

송석원시사의 백일장인 백전(白戰)은 전국적인 규모로 열렸고 사대부뿐만 아니라 재상들도 품평을 맡는 것을 큰 영광으로 여겼다 한다. 한밤에 다니다 순라꾼에게 잡혀도 백전에 간다고 하면 놓아 줄 정도로 유명했다.
뿐만 아니라 1791년 유둣날 열린 낮모임을 이인문이 〈송석원시회도〉로 그렸고, 술자

이인문의 〈송석원시회도〉

김홍도의 〈송석원시사 야연도〉

추사 김정희의 송석원각자(1950년대 김영상 촬영)

리 성격이 강한 밤의 모임은 김홍도가 〈송석원시사 야연도〉로 그렸다. 당대 최고의 도화서 화원이 중인들의 모임인 시회를 그렸다는 것은 이들의 지식과 재력이 사대부와 견줄 만큼 갖추어졌음을 알 수 있게 한다.

이인문의 그림에는 송석원이라는 바위각자가 보인다. 두 각자가 동일한 것인지는 알 수 없지만 1950년대 말 김영상이 촬영한 사진에도 '송석원'이라는 각자가 있고 뒤에 쓰여 진 '丁丑淸和月小蓬萊書'로 보아 김정희가 정축년인 1817년 그의 나이 서른두 살 되던 해 음력 4월(정학유의 〈농가월령가〉 4월조에 사월이라 孟夏 되니 立夏 小滿 절기로다. 비 온 끝에 볕이 나니 日氣도 淸和하다)에 썼음을 알게 해준다. 송석원 글씨는 천수경의 회갑 기념으로 써주었을 것으로 여겨진다. 송석원시사가 김정희가 태어난 해에 결성된 시사라는 인연도 있지만 김정희가 능력 있고 진취적인 중인들과 소통하였음을 알 수 있다.

4. 이중섭 거처지

포비즘(야수파)의 영향을 받은 한국의 서양화가 이중섭, 향토적이면서도 개성적인 화풍으로 한국 서구 근대화의 화풍을 도입하는데 선구자적인 역할을 한 화가다.

누상동 166-202호. 가파른 계단을 오르고 왼쪽으로 돌아 몇 발자국 걸으면 오른쪽으로 막다른 골목길 맨 안쪽에 2층집이 나온다. 이 집은 이중섭의 친구인 정치열 소유의 가옥으로, 사업상 부

막다른 집 2층이 약 5개월간 이중섭이 외로이 작품 활동을 하며 지낸 곳이다.

이 유화를 그리기에 앞서 밑그림을 그려 편지와 함께 가족에게 보냈는데, 그 편지에는 가족을 소 달구지에 태우고 자신은 황소를 끌고 따뜻한 남쪽 나라로 함께 가는 광경을 그렸다고 한다. 이 그림은 행복이 넘치는 이상향을 찾아가는 것처럼 보인다. 가족들과의 행복한 재회를 꿈꾸었던 소망을 그림으로 표현한 것 같다.

산에 거주하던 그는 한국전쟁 후 어려운 생활고를 겪고 있던 친구를 위해 2층의 널찍한 다다미방을 이중섭에게 공방과 주거로 내어 주었다. 이중섭이 1954년 7월부터 5개월 정도 짧은 기간 거주하면서 재기를 다졌던 곳으로, 이 집에서 그의 대표작 〈도원〉 〈길 떠나는 가족〉 등을 그렸다. 그의 생애 처음으로 전시회(미도파화랑 전시회)를 준비했던 곳이기도 하다. 그는 전시회 동안 자신의 그림을 사 가는 사람들한테 큰절을 했다고 한다.

이 집으로 오기 2년 전, 지독한 가난을 피하기 위해 아내와 아이들만 일본으로 떠나 보내고 극심한 생활고를 겪으며 홀로 외로이 생활을 하였다. 여권이 없어 일본에 가지 못한 그는 늘 아내와 아이들을 그리워하며 그림과 함께 엽서나 편지를 보낼 뿐이었다.

조금만 참고 견디자던 그들은 다시 만나지 못했고, 이중섭은 1956년 적십자병원에서 41세의 젊은 나이에 간염으로 세상을 떠났다.

헤어짐의 시절, 환희와 절망의 삶을 살다간 천재 화가 이중섭, 그는 예술과 가족을 향한 애달픈 목소리는 그림과 편지 위를 수놓았지만 죽을 때까지 홀로 막노동을 하면서 틈틈이 그림을 그렸던 현대판 기러기아빠, 한국판 반 고흐라 불릴 만큼 불우한 화가였다.

5. 이상범 가옥

동양화의 근대와 현대를 이어 준 청전 이상범(1897~1972)이 43년간 거주한 이 집은 그

이상범 화백이 직접 꾸민 담장   당호 〈누하동천〉

가 생전에 사용하던 모습 그대로 보존되어 있다. 그가 꾸민 꽃담의 충신, 지혜의 글은 쇠락해졌지만 신선이 사는 곳이라는 〈누하동천〉 편액은 그가 이곳을 얼마나 사랑했는 가를 알게 해준다.

　이상범은 1933년엔 후진양성을 위해 청전화숙을 설립하였다. 가옥과 화실은 대한민국 근대문화유산으로 지정되었다.

　그는 우리나라 최초의 근대식 미술교육기관인 서화미술원에서 본격적인 그림 수업을 받았다. 이때 그는 스승 안중식의 영향을 많이 받았다. 스승 심전 안중식은 자신의 호를 따서 '청년 심전'이란 뜻으로 청전으로 지어주었다.

　청전은 한국적 산수화의 새로운 전형인 독창적인 청전양식을 만들었다. 일본 총독부에서 문화정책의 일환으로 개최한 조선미술전람회에선 입선과 특선을 연이어 했으며 1938년부터는 심사위원자격으로 참여하였다. 청전은 1920년 이후 한국 근대 동양화단의 대표적인 화가였다.

이상범 화실의 실내. 지금도 그림을 그리고 있을 듯한 모습이다.

1936년 〈동아일보〉에 근무할 때 베를린올림픽 영웅인 손기정 선수의 옷에서 일장기를 지운 일로 옥고를 치르기도 했다. 하지만 일제강점기 말기엔 일본의 국방헌금 마련 전시회에 참가하였으며, 〈매일신보〉에 징병제 실시를 축하하는 〈나팔수〉를 그리기도 하였다.

그는 항일과 친일의 논란을 안은 채 광복 후엔 대한민국미술전람회(국전)의 추천작가로 활동했으며 홍익대 교수로 재직했다. 그의 작품으로는 창덕궁 경훈각에 그려 놓은 〈삼선관파도〉와 〈초동〉 등이 있다.

6. 통인시장

맛있는 먹거리, 옛 정취를 떠올릴 수 있는 볼거리, 즐길 거리가 가득한 오랜 전통의 골목형 재래시장 통인시장.

통인시장은 일제강점기인 1941년에 총독부의 시장규칙으로 생겨난 효자동 인근 일본인들을 위해 조성된 공설시장을 모태로 하고 있는 전통시장이다. 일본인을 위한 일본시장이었으나 1925년 폐장하였다가 1941년 재개장, 물산장려운동 이후 일본제품 불매운동으로 다시 한 번 일어선 곳이기도 하다. 사람이 지나가기도 어려운 비좁은 골목, 비가오면 질척거리는 진창, 천막, 일본식 다다미방과 한옥들이 빼곡했던 주변 거리…. 한국전쟁 이후 서촌 지역에 인구가 급격히 늘어감에 따라 옛 공설시장 주변으로 노점과 상

시장으로 들어서면 인왕산 자락을 뛰어다니던 호랑이가 천정에 걸개그림이 되어 방문객을 맞는다. 집집마다 햇빛으로 인한 피해가 있어서 빛가림 어닝으로, 조선시대 민화 속 13종류의 호랑이 그림이 걸려 있다.

점들이 들어서면서 시장의 형태를 갖추게 되었고, 1960년에 5층으로 개축하여 1층은 시장, 위층은 아파트인 주상복합 효자상가 아파트가 되었다. 처음 지어졌을 당시 연예인들과 청와대 직원들의 거주지로 인기가 높았다고 한다.

현재 통인시장에는 약 80개의 점포들이 있으며 2012년부터는 엽전으로 시장 음식을 구매하여 '내 맘대로 도시락'을 구성할 수 있는 독특하고 재미난 시장 문화를 만들어 주목 받고 있다. 5,000원 안팎이면 소박한 옛 정취를 느끼며 시장 음식을 배불리 맛볼 수 있는 곳이다.

7. 이상의 집

사직동에서 태어난 김해경(1910~1937)이 큰아버지의 양자로 들어간 세 살부터 조선총독부의 건축기사로 근무할 때까지 살았던 곳으로 현재는 '문화유산 국민신탁'이 매입하여 전시관으로 이용하고 있으며, 서울시 미래유산으로 지정되어 있다.

이상은 경성고등공업학교 건축과를 수석졸업한 후 특례로 총독부 건축기사로 근무하기도 했다. 그는 시 〈이상한 가역반응〉을 썼으며 1932년엔 〈건축무한육면각체〉를 발표하면서 이상이라는 필명을 사용하였다. 〈자화상〉으로 조선미술전람회에 입선을 할 만큼 그림에도 재능이 있었던 이상은 친구 구본웅에게 오얏나무로 만들어진 화구 상자를 선물 받고 감사의 의미로 이 필명을 사용하였다고 한다.

이상의 집

　조선의 로트렉으로 불린 화가 구본웅은 이상의 길지 않은 인생에 빼놓을 수 없는 존재였다. 이상이 바친 헌시엔 구본웅을 자발적으로 발광하여 꽃을 피우는 존재로 노래할 만큼 그에겐 특별한 사람이었다.

　이상은 1933년 객혈 치료차 간 배천온천에서 만난 금홍과 서울로 함께 돌아와 다방 제비를 운영하였으나 실패하고 금홍과도 결별한 뒤 본격적으로 글을 쓰기 시작하였다.
　비록 난해하다는 독자의 항의로 중단하였지만 〈조선중앙일보〉에 〈오감도〉를 연재하였고 정지용, 박태원, 이태준 등과 구인회를 조직하여 문인들과 교류하였다. 1936년엔 그의 자의식을 표현한 소설 〈날개〉를 발표하였다.

구본웅과 이상(오른쪽)

구본웅이 그린 이상

1936년엔 구본웅의 의붓 이모인 변동림과 결혼한 뒤 새로운 문물을 경험하기 위해 일본으로 갔다가 불령선인으로 체포되었다. 병보석으로 풀려났지만 결국 동경제대부속병원에서 27세의 짧은 생을 마감하였다. 친구 김유정과 합동영결식을 한 뒤 미아리 공동묘지에 안치되었으나 유실되어버렸다.

8. 통의동 백송

경복궁 서문 영추문 길 건너편이 통의동이다.
옛 통의동은 흰 소나무골(백송), 매짓골, 띠골(띠 만드는 집) 등으로 불리웠다.

이곳은 창의궁 터로 영조가 왕위에 오르기 전 살았던 잠저이며 어머니 숙빈 최씨가 사망한 곳이기도 하다. 《영조실록》에 창의궁에 대한 이야기가 150여 건이나 나올 만큼 영조가 아꼈던 곳이기도 하다.

영조의 특별한 사랑을 받고 자란 둘째 딸인 화순옹주는 영조 8년에 김정희의 증조할아버지인 김한신에게 하가하자 영조는 이곳에 월성위궁을 지어주었다. 두 분 사이에는 자녀가 없었기에 김정희의 할아버지인 김이주를 양자로 삼아 대를 이었다. 김정희는 큰아버지 김노영의 양자가 되어 가문을 이어 받았고 이곳 창의궁의 주인이 되어 살았다.

영조가 아꼈던 백송이 있었던 창의궁 터 이곳은 일제강점기에 동양척식주식회사의 관저가 들어섰다.

일제강점기의 늠름한 백송의 모습

살아생전 우리나라에서 가장 크고 오래된, 수형이 매우 아름다웠던 백송은 1962년 12월 3일 해방 이후 최초로 천연기념물 제4호로 지정되었다. 뿌리 둘레가 약 5m, 높이 15m로서 땅 위에서 바로 남북 두 갈래로 갈라졌고, 남쪽의 것은 가슴높이 둘레가 1m 정도로 높이 2.5m 정도에서 다시 손가락처럼 네 가지로 갈라졌으

밑동만 남아 있는 현재의 모습. 주변에는 4그루의 후계 목이 자라고 있다.

며, 동쪽으로 뻗은 가지는 비스듬히 옆집 울타리를 넘어 10m 정도 자랐다고 한다.

1990년 7월 17일 강풍 속에 번개를 맞아 넘어지면서 나무의 소생이 힘들게 되었다. 일설에 의하면 노태우 대통령이 이 나무를 살리려 했고, 백송회생대책위원회까지 조직 되었으며 주민들도 적극적으로 나서 성금까지 모으는 등 많은 노력을 하였다고 한다. 조금씩 회생 기미가 보였지만 백송을 관으로 만들려는 사람들에 의해 제초제가 뿌려지 는 등 시달림을 당한 끝에 결국 1993년 고사하여 최종 사형선고를 받는다. 지금은 가지 가 잘린 밑동만 남아 있으며 나머지는 광릉수목원으로 옮겨져 있다.

300여 년 백송이 자리를 잡고 있던 이곳은 사방이 주택으로 둘러싸인 비좁은 공간이 지만, 현재는 백송의 씨로 키운 백송 4그루가 후계 목으로 자라고 있는 소박한 작은 공 원으로 자리하고 있다.

길은 산과 물, 자연이 내어 준 길과 사람의 필요에 의해서 만들어 낸 길이 있다. 옥류 동천의 물길은 자연이 내어 준 사람들의 길이며 터전이었다. 오랜 시간 동안 물길을 차 지하였던 권력의 무리들은 사라져갔지만 자연을 사랑하고 예술을 사랑했던 진정 옥류 동천과 함께하며 살아온 숱한 사람들의 역사는 켜켜이 간직되고 있을 것이다.

장소	소개 글
노천명 가옥	시인이자 기자였던 노천명이 1949년부터 숨지기 전까지 살았던 곳으로 대처럼 꺾어질망정 구리 모양 휘어지기는 어렵다는 그의 시와는 달리 구차한 삶을 살았던 시인을 생각해 본다.
여성 이명건 집터	별과 같이 - 如星(여성) 이명건이 우리 고유의 복식사를 연구한《조선복식고》를 출판하면서 고구려, 백제, 신라의 의상을 입은 학생들을 촬영하였던 날 이곳은 우리나라 최초의 옥외 패션쇼가 열렸다. 여성은 역사화가로 〈격구도〉를 남겼다.
사재감 터	통의동 70번지 유적, 호조의 소속 관청으로 궁궐에 어육, 소금, 장작 등을 공급하는 업무를 하였다. 발굴 과정에 조선 후기 것으로 추정되는 왕비의 도장인 내교인 1점과 소내교인 1점이 출토되었다.
김가진의 거처	대한제국 최고의 직위를 가지고 있었던 동농 김가진이 상해로 망명하기 전에 임시로 살았던 곳이다. 본집은 자하문터널 우측에 있던 백운장이다. 74세에 아들 김의한과 망명하여 비밀운동조직인 대동단 총재와 임시정부 고문으로 활동하였으며, 여성독립운동가인 정정화가 며느리이다.

4 삼청동천길, 인간 삶의 희로애락을 읽다

조선 최고의 인재(人才)들과 함께 걷는 관아의 길

이래양
국외여행인솔자
mulan410@naver.com

이현주
역사문화체험지도사
jinmok517@naver.com

삼청동천은 백악산 동쪽 자락에서 흘러내린 계곡물이 청계천으로 흘러 들어가는 물길로 청계천으로 합수되는 물길 중 가장 긴 물길이다. 백악산에서 발원한 삼청동천 물길은 경복궁 동쪽 담장을 따라 흐르다가 경복궁 내수와 합수되어 중학천이 되고, 피맛골과 종로를 거쳐 청계천에 다다르게 된다.

삼청(三淸)이라는 동명은 도교의 신을 모시는 장소에서 유래한다. 조선시대에 삼청동에는 삼청전(三淸殿)을 짓고 이곳에서 도교의 삼신(三神)을 모시고 제사를 관장하였다 한다.

동명의 또 다른 유래는 산과 물, 사람이 깨끗하다하여 붙여진 이름으로 조선시대에는 이곳 삼청동의 빼어난 경관을 보기 위해 많은 사람들이 모여들었다 한다. 조선시대 사람들 사이에서는 삼청동이 경관의 아름다움을 표현하는 절대적인 기준으로 인식되었으며 이러한 이유로, 삼청동 일대를 그림에 담는 이가 있는가 하면 시회를 열어 교류의 장을 만들기도 하는 등 삼청동은 조선시대 문화예술적인 면에서 한 부분을 차지했다.

문화예술과 교류의 장소였던 삼청동에는 현재 약 20여 개의 갤러리들이 각자의 독특한 개성을 담아 운영되고 있다. 종로구에서는 삼청관광미술제를 개최하여 갤러리들의 소중한 창의활동들을 직접 체험해 볼 수 있는 기회를 제공하고 있다.

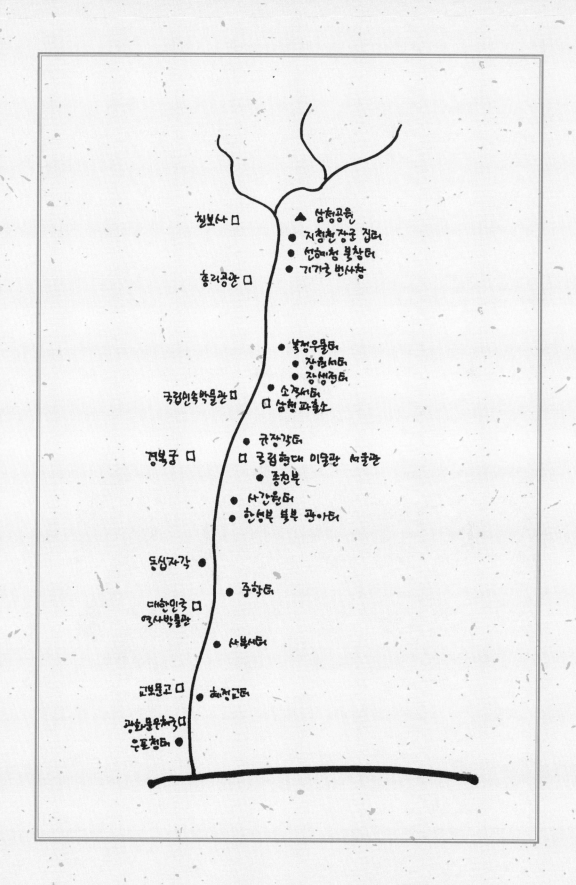

칠보사 □   ▲ 삼청공원
                          ● 지청천장군 집터
                          ● 선희청 불창터
홍려공관 □   ● 기기국 번사창

                          ● 북정우물터
                          ● 장원서터
                          ● 장생전터
국립민속박물관 □   ● 소격서터
                          □ 삼청파출소

                          ● 규장각터
경복궁 □   □ 국립현대 미술관 서울관
                          ● 종친부

                          ● 사간원터
                          ● 한성부 북부 관아터

동십자각 ●

                   ● 중학터
대한민국 □
역사박물관

                   ● 사복시터

교보문고 □   ● 혜정교터

광화문우체국 □
우포청터 ●

1. 삼청공원

　삼청공원은 삼청동 안쪽에 있는 마을버스 종점에 위치한다. 마을버스를 타고 종점에서 내리면 길 우측으로 삼청공원으로 가는 입구가 나무 데크길로 마련되어 있는데, 입구를 지나면서부터 이미 여기가 도심 한복판이라는 것이 느껴지지 않을 정도로 자연경관이 뛰어나다.

　나무 데크길을 따라 걸어 오르다보면 물소리를 먼저 들을 수 있다. 그 소리를 눈이 따라가다 보면 북악에서 흘러내려 오는 물길을 발견하게 된다. 물길을 이루는 수량의 정도와는 관계없이 청계천 발원지 중에 하나를 직접 볼 수 있다는 사실에 누구나 감동하지 않을 수 없을 것이다.

　길을 따라 조금 더 오르다보면 어느새 나무가 하늘을 가리고 바위와 풀들이 우거진 곳으로 들어가게 된다. 키 큰 나무들이 우거졌으나 어둡지 않고 아늑하며, 바위는 제각각이나 유난하지 않고, 풀들은 아기자기하게 자리를 잡고 있다. 삼청동이라는 이름이 만들어진 이유를 잘 알 수 있는 곳이 바로 삼청공원이다.

　삼청공원에서 다시 마을버스 종점으로 걸어 내려오면 우측으로 언덕길이 보인다. 오르막길을 들어서 골목을 걷다 보면 다시 우측 오르막길에 칠보사라는 절이 자리하고 있다.

　한글 현판과 함께 최근에 보물로 지정된 목조석가여래좌상으로 알려진 칠보사의 앞쪽 공터는 현재 칠보사 주차장으로 사용되고 있다. 지금까지 알려진 바로는 이곳이 단재 신채호 선생의 집터였다고 한다.

이러한 사실이 밝혀진 후 표지석 설치를 논의하고는 있으나, 칠보사가 실제 점유하여 사용하고 있다는 점과 함께 본인이 땅의 주인이라고 주장하는 사람과의 이해관계가 얽혀 있는 곳이다.

삼청동천의 발원지 두 곳 중 한 곳이 삼청공원 물길이었다면 두 번째 물길은 칠보사가 위치해 있는 곳이다. 칠보사의 담벼락이 이어지는 골목을 따라 내려가다 보면 마을버스가 다니는 길과 만나는 곳이 있다. 이곳이 발원지 두 물길의 합수지점이다.

칠보사 전경

단재 신채호 선생의 집문서와 관련한 신문기사

2. 선혜청 북창

조선시대 선혜청의 북창이 있던 곳이다. 대동법 시행 이후 출납을 맡아 보는 관아였던 선혜청의 창고가 있던 곳으로 북쪽에 위치하여 북창(北倉)이라 한다. 대동법 실시에 따라 한양으로 몰리는 전세, 대동미를 보관하기 위해 많은 수의 창고가 증설되었는데 그중에 하나가 북창이다.

숙종 12년에 만들어진 북창은 도성방어체계가 구축된 후 삼청동에 군량미를 비축하기 위한 곳이었다. 북창의 정확한 위치를 알 수 있는 기록은 선혜청 북창이 있던 곳에 기기국이 세워졌다는 기사를 통해서 알 수 있다.

"북창(北倉)에 있던 기기국을 지금 이미 옮겨 설치하였으니, 본영의 입직한 장졸을 철

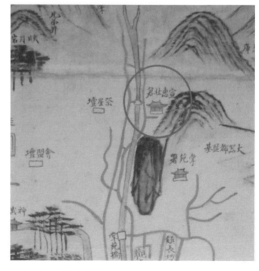

한양도성도 선혜청 북창

수하겠습니다. 감히 아룁니다."하니, 알았다고 전교하였다.

- 《승정원일기》 134책, 고종 20년 6월 9일

현재 삼청동 한국금융연수원 내에 남아 있는 기기국 번사창은 선혜청 북창이 있던 자리이다. 연수원 부지 내에 중국풍의 이국적인 건물이 주변의 현대식 건물과 대비된다.

기기국 번사창

무기의 제조를 담당하던 군기시의 화약고 별창(別倉)으로 사용하던 자리에 조선 말기에 번사창이 들어서게 된 것으로 무기고 겸 화약제조소였던 장소이다. 이후 일제강점기에 세균시험실로 사용되다가 미군정 때는 중앙방역연구소, 이후 국립사회복지연구원으로 다시 한국은행 소유가 되었다.

북창의 앞쪽으로는 선혜청 북창의 이름을 딴 북창교라는 이름의 다리가 놓여 있었으며, 북창교는 삼청동길에서 청계천 방향으로 진행하는 물길에서 만날 수 있는 관아의 이름을 붙인 다리 중 첫 번째 다리이다.

옛 지도에 나와 있는 삼청동 길에는 약 9개 정도의 다리가 있었음이 확인된다. 이 중에 그 위치를 알 수 있는 다리들이 7개가량 되는데 그중에 북창교가 첫 번째 다리이다.

3. 소격서

도교의 삼신(三神)을 위하여 성제단을 설치하고 초제(醮祭) 지내는 일을 맡아보았던 곳이 소격서이다. 조선이 창건되던 초기에는 소격전(昭格殿)이라 하여 자연신에게 국가의 안녕을 빌며 제사를 맡아보았으나 세조 대에 와서 소격서(昭格署)로 개칭되었다.

도교가 들어온 고려시대 이후로 국가의 제사를 맡아 보는 것은 물론 궁궐 여인들의 정신적인 의지처이기도 했던 소격서는 연산군과 중종 대에 걸쳐 혁파문제로 논란이 계속되었다.

연산군 때에는 형식적인 혁파의 형태로 제(祭)를 올리는 행위는 여전했으나 반정을 통해 왕위에 오른 중종 대에는 혁파문제가 본격화되었다. 도교를 '세상을 속이고 더럽히는 이단'으로 치부하며 혁파의 대상으로 삼았던 신하들은 '하늘에 대한 제사는 천자만이 할 수 있다'며 소격서 혁파의 목소리를 높여갔다.

중종 1518년에 드디어 조광조를 비롯한 유신(儒臣)들의 뜻을 받아들여 소격서를 혁파하였다. 이후 소격서는 중종에 의해 부활하는 듯했으나 유교질서가 엄격했던 조선에서 더 이상 유지되지 못하고 임진왜란 이후로 폐지되었다.

삼청파출소 옆 소격서 안내판

현재 국립민속박물관 맞은편 동명이 소격동이라는 것으로 그 위치를 알 수 있다.

4. 장원서와 장생전

삼청동천 물길 중 관아의 이름을 붙인 또 다른 다리로 장원서 앞쪽으로 놓여 있는 다리라 하여 장원서교라 했다.

장원서는 화초와 과물의 재배와 화분의 제조를 맡아하던 공조에 속해 있는 관서이다. 각종 과목과 화초를 재배하는가 하면 종묘 혹은 각종 탄일(誕日)에 생과(生果)를 진상하거나 건과(乾果)를 진배(進拜)하는 일을 관장하였다. 1882년 장원서가 혁파되면서 모든 업무는 봉상시가 관장하도록 하였다.

장생전 앞쪽으로 놓여 있던 다리를 장생전교라 한다. 장생전은 사람이 죽었을 때 필요한 관곽(棺槨)의 제작과 수선을 담당하던 관청이다.

장생전교와 그 아래에서 빨래하는 모습

5. 종친부

현재 현대미술관 자리는 옛 종친부와 사간원 터이다.

종친부는 조선시대 종실제군(宗室諸君)의 일을 관장하던 관서이다. 역대 국왕의 계보와 초상을 보관하고 국왕과 왕비의 의복을 관장하며, 왕실의 각 계파를 감독하였다. 고종대에 종정부로 개편되었다.

경근당과 옥첩당. 주변의 현대식 건물과 색다른 조화를 이루고 있다.

국군통합병원 서울병원 구내에 있던 경근당과 옥첩당을 현재 자리로 옮겨왔다.

사간원은 사헌부와 함께 대간이라 불렀으며, 홍문관, 사헌부와 함께 '3사'로 불렀다. 사간원 관원은 경연이나 서연에 참석하였으며, 왕에게 충고나 비판을 하는 업무를 담당하였다. 왕이 정치를 행함에 있어 잘못을 지적하고 풍부한 의견을 내야 했으므로 관원을 선발할 때는 주로 학문이 뛰어나고 인품이 강직함을 우선으로 하였다.

6. 동십자각

경복궁의 정문인 광화문의 동서 양쪽 담장에 연결되어 있던 두 개의 십자각 중 현재 남아 있는 것이 동십자각이다. 동십자각은 경복궁의 망루이다. 본래 궁궐을 지을 때 바깥담장의 모서리에 망루를 연결하여 궁궐의 수비를 강화하는 기능으로 만들어졌다.

동십자각과 서십자각은 양쪽 모두 임진왜란 때 소실되었다가 1880년 무렵 다시 세워졌다. 이후 민족항일기에 일제가 경복궁 내 전각들을 정리하면서 서십자각도 함께 헐어버렸다. 일제는 조선총독부 건립과 조선박람회 개최 등을 핑계로 경복궁의 정문인 광화문을 옮기고 궁성을 철거하였는데 이러한 이유로 동십자각이 현재의 자리에 덩그러니 떨어져 앉게 되었다.

동십자각 남동쪽으로는 십자각교(十字閣橋)가 놓여 있었다. 경복궁에서 흘러나온 금천(禁川)과 삼청동천이 만나는 지점이다.

동남쪽으로 십자각교가 있었다.

7. 중학

중부학당 앞으로 흘러가던 물길을 중학천이라고 하며 물길을 건너다니던 다리를 중학교(中學橋)라고 한다.

조선시대 교육기관인 4부학당 중 중부학당이 있던 곳이다. 4부 학당은 중등교육 기관으로 고려시대의 오부학당을 따라 동 서 중 남 북으로 학교를 세우려 하였으나 북부학당은 설립되지 못하고 폐지되어 4학만 한성부에 두었다.

4부 학당의 규모나 교육 정도는 성균관에 미치지 못하였으나 교육 방법과 내용 등에서는 성균관과 비슷하였다. 4부 학당에서 성적이 우수한 자는 승급시험을 치르고 성균관으로 진

현재의 중학천 모습

학하는 경우도 있었다.

4부 학당이 중앙의 교육기관이었다면 지방에서는 향교가 교육을 담당하였다. 조선시대의 전체 교육기관을 통틀어 학문에 열정이 가장 높은 곳은 중부학당이 아니었을까? 조석(朝夕)으로 궁궐과 관청을 드나드는 관리들을 보면서 출세의 꿈을 꾸었을 테니 이만

중학 옛 모습

한 동기부여는 없었을 것이다.

중부학당이 조선시대의 교육기관으로서 인재를 길러내던 곳이라면 지금은 대한민국역사박물관이 중부학당의 뒤를 잇고 있다 할 수 있겠다. 옛 중부학당 부근 서울 세종대로에 위치한 대한민국역사박물관은 19세기 말 개항기부터 오늘날까지의 대한민국의 행보를 기록한 박물관으로 2012년 12월 26일에 개관한 최초의 국립 근현대사박물관이다.

대한민국역사박물관은 우리의 어제와 오늘을 바로 알고, 아픈 경험을 교훈삼아 미래를 준비할 수 있도록 역사교육의 기회를 제공하고 있다. 옛 중부학당의 몇몇 소수만 누릴 수 있었던 지식정보의 독점이라는 한계를 넘어 보편적인 지식정보의 나눔을 실천하는 장소인 것이다.

이러한 독점과 나눔의 경계 허물기는 교육뿐만 아니라 여러 분야에서 지금도 현재진행형이다.

대한민국역사박물관의 옥상정원에서는 경복궁과 광화문 일대의 전경을 감상할 수 있는 공간을 마련해 두었다. 한눈에 들어오는 경복궁의 전각들과 함께 높이 솟은 빌딩들은 시간의 이질감과 공간의 동질감으로 인해 대한민국 역사의 연속성을 느낄 수 있는 인상 깊은 장소이다.

대한민국역사박물관

8. 혜정교

중학천과 종로가 만나는 광화문우체국 동편에 있었다. 혜정교를 지나는 물은 삼청동천의 끝자락이자 청계천이 시작되는 곳이다.

삼청동천에서 시작된 물길이 청계천으로 합수되는 지점

혜정교는 여러 명칭을 가지고 있다. 〈수선전도〉에는 '혜교'라고 표시되어 있고, 근처에 우포청이 있다하여 '포청다리', 육조관아들이 줄지어 있는 곳이라 해서 '관가다리', 〈민족항일기〉에는 '복청교(福淸橋)'라는 이름으로 불리었다.

혜정교는 사람들의 왕래가 많은 곳에 놓여 있는 까닭에 나라에서 공공연히 장소를 이용하기도 하였다. 그중에 하나가 앙부일구(仰釜日晷)를 설치하여 사람들로 하여금 시간을 알 수 있도록 한 것인데 한마디로 조선식(式) 공중시계인 셈이다.

많은 사람들이 볼 수 있도록 한 대표적인 예로는 '팽형'을 빼놓을 수 없다. 팽형은 조선시대 형벌 중에 하나로 나라의 재물이나 백성의 재물을 탐한 탐관오리를 가마솥에 삶아 죽이는 것을 말한다. 하지만 실제로 살아 있는 사람을 삶는 것은 아니고, 삶는 시늉만하는 것으로 솥에 들어갔다 나오는 순간부터 죽은 사람 취급을 받는 '명예형'이다.

조선시대에는 이러한 공개재판을 통해 잘못이 있는 사람은 벌을 받게 된다는 국법의 엄중함과 공정함을 백성들에게 알리는 기회로 삼았다. 이와 같은 형벌의 집행이 가능했던 데에는 우포청과 의금부가 혜정교 부근에 있었던 것에 관련이 있다.

우포청은 우포도청을 이르는 명칭으로 조선시대에 치안과 소방업무를 보던 관청인 포도청이 우포도청과 좌포도청으로 나뉘어 있던 것을 줄여 부른 것이다. 고종 연간에 우포도청과 좌포도청이 통합돼 경무청으로 바뀌었다.

장소	설명
지청천 장군 생가 터	독립운동가 지청천 장군의 생가 터이다. 민족항일기에 각지의 항일단체를 규합하는데 힘썼다.
국무총리공관	조선시대 태화궁 자리였으며, 1961년부터 대한민국 국무총리공관으로 쓰이고 있다.
복정우물터	우물의 맛이 좋아서 조선시대에 궁중에서 사용하던 우물이다. 군인들이 지키고 서 있었다고 한다.
규장각 터	조선 후기 왕실도서 보관 및 출판과 정치자문을 담당하던 국가기관이다.
국립현대미술관	2013년 개관한 미술관으로 과천에 본관이 있다. 옛 기무사 터였으며 조선시대 소격서, 사간원, 종친부 터였다.
두가헌	영친왕의 생모인 엄 귀비가 궁궐에 입궁하기 전 살던 곳이다.
한성부북부 관아 터	서울 북쪽 지역의 주민 행정을 담당하던 관아 터이다.
사복시 터(이마빌딩)	조선시대 궁중에서 사용하던 수레, 말, 마구, 목장을 맡아 보던 관청의 터이다.

600여 동안 국가의 수도이며, 정치와 경제의 중심지였던 한성은 언제나 당대 최고 인재들의 활동무대였다. 그들은 국왕에게 간언하기를 두려워하지 않았고 국가 중대사를 논하여 위기를 극복하였으며 불미스러운 일로 낙향을 하는 일도 있었다. 하지만 대부분은 명예를 지키며 사는 것을 자랑스러워 했다. 삼청동 맑은 자연풍광은 이들의 품격 있는 언어와 만나 시(詩)가 되었고, 붓을 들면 그림이 되었다. 삼청동천에는 그렇게 지금도 인간 삶의 희로애락이 녹아 흐르고 있다.

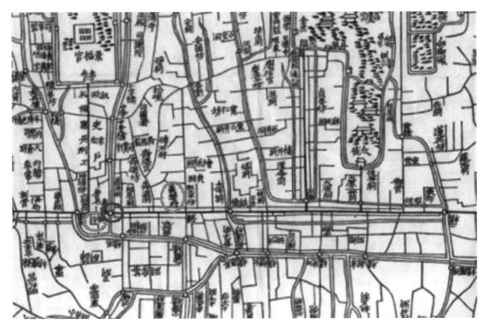

수선전도에 확인되는 우포청, 의금부, 혜정교(동그라미 표시)

5 안국동천길, 오래된 미래를 만나다
한걸음 한걸음 내딛는 민권의 길

장미경
역사문화체험 지도강사
rose6563@naver.com

장미화
역사문화체험 지도강사
jangflower@naver.com

안국동천(安國洞川)은 북악산에서 발원하여 정독도서관을 지나 큰 물길은 대 안국동천이라 하고 상대적으로 작은 물길은 소 안국동천이라고 한다. 두 갈래로 흐르던 물길은 합쳐져 장통교와 수표교 사이에서 청계천으로 바로 합류하였다. 그러나 하천이 자주 범람하자 1421년, 물길을 종로의 남쪽에서 동쪽으로 선회하여 옥류천의 이교(二橋) 부근으로 합수하도록 바꾸었다.

지금 그 물길은 다 복개되어 사람과 차가 다니는 길로서 역할을 충분히 하고 있고, 그 주변은 옛 것과 새로운 것들이 만나 어우러져 옛 향수를 불러 일으키고 있다.

이제부터 안국동천길을 조심히 개복하여 기억 저편 사라진 공간과 시간들을 더듬어 우리의 오래된 미래를 찾아보려 한다.

구한말 근대를 향한 처절한 몸부림으로 갑신정변을 일으켰던 개화파 김옥균, 서광범, 서재필의 집터가 있었다. 피할 수 없으면 당당히 맞서기위해 고종황제는 칙령을 발표해 우리나라 관학 중등학교인 경기고등학교를 설립하여 인재를 키웠다. 그리고 일본에 의한 식민지배하에서도 조선어학회를 통해 우리글과 말을 지켜내어 한 민족이 똘똘 뭉쳐 단결하였다. 신분의 높고 낮음, 나이, 성별을 막론하고 동등한 백성으로 교육을 받으며 당당히 일제에 맞서 1919년 3월 1일 대한독립만세를 외쳤고, 이제 왕권이 아닌 민권의 시대를 향해 준비하며 오래된 미래를 꿈꾸게 되는 이 길을 함께 만나보지 않으렵니까?

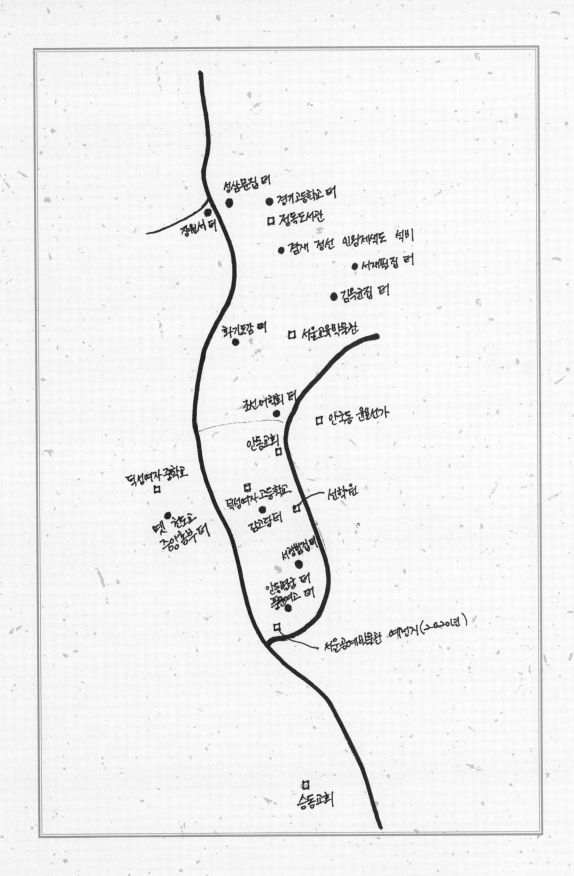

성삼문집 터
정화서 터
경기고등학교 터
정독도서관
겸재 정선 인왕제색도 석비
서재필집 터
김옥균집 터
화기도감 터
서울교육박물관
조선어학회 터
안국동 윤보선가
안동교회
덕성여자중학교
덕성여자고등학교
선학원
멘 천초교
중앙총부터
감고당터
서병필집터
안동별궁 터
풍문여고 터
서울공예박물관 예정거 (2020년)
승동교회

1. 정독도서관

1900년 고종황제 칙령에 의해 우리나라 관학 중등교육의 발상지로 출범한 경기고등학교의 본관으로 사용되었던 곳이 1976년 학교가 강남으로 이전한 후 지금은 서울 특별시교육청 정독도서관으로 사용되고 있다. 1938년 건축되었으며 당시 철근 콘크리트와 벽돌 벽 구조, 스팀 난방시설을 갖춘 최고급 학교 건축물을 그대로 사용하고 있으며 등록문화재 제2호이다.

구 경기고등학교 교사를 그대로 활용하고 있기 때문에 화장실이나 강당을 개조해 만든 식당이나 매점 등이 멀어 다소 불편한 점도 있지만 떨어져 있는 본관 1,2동과 휴게동을 통로로 서로 연결시켰고 양쪽 교실과 복도를 막아 열람실로 만들어 넓게 사용하고 있으며, 일제 강점기 때 건물 그대로 사용하고 있어 오늘날의 건축물과 다른 점을 찾아보면 신기하다. 운동장은 사계절, 자연의 변화를 느끼며 미래를 꿈꾸는 열린 쉼터로 이곳을 찾는 이들에게 아늑한 휴식을 준다.

직접 들어가서 책도 찾아보고 열람실에 앉아 책을 읽어보면서 과거와 현재와의 대화를 하며 상상의 날개를 펼쳐보면 어떨까?

•장원서 터

정독도서관 서편에는 장원서라는 관청이 있었음을 알리는 표지석이 있다. 장원서는 조선시대 왕실의 과수원을 관리하고 궁중과 관아에 꽃과 과일을 공급하던 관청이다. 과원은 가까이는 용산과 한강 유역에 그 외는 강화, 남양, 개성, 과천, 고양, 양주, 부평 등지에 있었다.
매년 9월 9일 중양절에는 국화를 궁중과 의정부, 육조 등에 진헌하였으며 궁중 제사

장원서 터(정독도서관 서편)

에 필요한 각종 과일을 공급하기 위해 지방 여러 곳에 산재되어 있는 과원 관리도 하였는데 새로 나는 물건을 먼저 종묘에 올리고 왕실의 생일과 명절에 진상하는 일을 관장하였고, 그 이후 1882년 장원서는 폐지되었다. 화동과 화개길이란 이름은 장원서가 이곳에 있기 때문에 생겨난 것이다.

1471년 1월의 추운 어느 날, 궁궐에 쓰이는 꽃을 키우는 기관인 장원서(掌苑署)에서 철쭉과의 일종인 영산홍(暎山紅) 한 분(盆)을 임금께 올리자, 왕은 "초목의 꽃과 열매는 천지의 기운을 받는 것으로 각각 그 시기가 있는데, 제때에 핀 것이 아닌 꽃은 인위적인 것으로서 내가 좋아하지 않으니 앞으로는 바치지 마라."고 하셨다. -《성종실록》13권

겨울철에 인위적으로 꽃을 피우게 했다는 것이 순리에 어긋난다고 생각했고 겨울철에 꽃을 피우기 위해 땔감을 준비해야하는 백성들의 고생을 염려한 왕의 애민 정신이 묻어난다. 조선시대에도 온돌 바닥에 불을 때고 가마솥에 물을 끓여 습도를 조절하고 한지에 기름을 발라 기름종이로 지붕으로 덮어 햇빛의 양을 조절하는 온실재배 방식이 관행적으로 존재했음을 알 수 있다.

정독도서관 서북쪽 담장 부근은 사육신의 한 사람인 성삼문이 살았던 곳이다.

• 〈인왕제색도〉석비

구 경기고등학교 운동장 한편에는 "비 갠 후의 인왕산 그림이란 뜻으로 화가로서의 절정기인 76세 때, 지금의 정독도서관 자리에서 본 것을 그렸다.'를 새긴 석비가 세워져 있다.

정선의 〈인왕제색도〉국보 제216호-석비(정독도서관 관내)

화폭에 담긴 우정 〈인왕제색도〉

　겸재 정선은 명말청초 어수선한 시기인 1676년 북악산 아래 지금의 청운동에서 가난한 사대부 장남으로 태어났다. 어렸을 적 아버지를 여의고 홀어머니를 모시고 살다보니 외가에 많이 의지하게 되는데 외가 근처에 살던 안동 김씨 가문과 인연이 되어 같이 수학하기도 하면서 많은 것을 교류하게 된다. 언제부터 그림을 그렸는지는 모르지만 37세에 친구 이병연과 금강산을 다녀와서 그린 화첩에 김창흡과 이병연이 제화시문(題畫詩文)을 곁들여 유명해 지기 시작하면서 이름이 알려지기 시작한다.

　40세 이후는 벼슬을 받고 부임하는 곳마다 있는 그대로의 모습을 그리는 진경산수화로 산천을 남기게 되는데 국왕이었던 영조도 정선의 그림을 좋아했고 여러 지역에 부임을 시킨다. 아마도 영조의 큰 그림이 아니었을까?

　지금도 수많은 그림이 남아 있어 그때 그 모습들을 그대로 유추해 볼 수 있어 가치가 높다고 하겠고, 특히 2개의 국보가 있는데 하나는 금강산을 그린 〈금강산도〉이고 나머지는 친구 이병연의 병이 완쾌하기를 바라며 인왕산을 그린 〈인왕제색도〉가 그것이다.

　1751년 그려진 〈인왕제색도〉는 비 내린 뒤의 인왕산을 그린 산수화로 국보 제216호이며 호암미술관이 소장하고 있다. 인왕산 아래에서 태어나 평생 그 부근에서 살던 정선이 60년 지기 친구 이병연이 노환으로 쓰러져 위급한 상황에 빠지자 늘 함께였던 인왕산을 떠올리며 〈인왕제색도〉 그림을 그려 이병연의 완쾌를 기원했다. 비 온 뒤 개고 있는 산의 모습을 화동 언덕(지금의 정독도서관)에서 바라보며 받은 인상과 감흥을 실감나게 표현 하였는데 끝내 친구 이병연은 그림이 완성되고 4일 후 세상을 떠났다.

　운동장 부근은 〈독립신문〉을 만들어 민중의 애국계몽을 이끌었던 서재필이 살았던 곳이다.

•화기도감 터

화기도감은 조선시대 총포를 만들던 관청이다. 1592년 임진왜란이 발발하자 왜적은 조총으로 초기의 전세를 주도하였다. 이에 충격을 받은 조정에서는 총포를 제작하기 위해 임시관청을 설치하게 되는데 병조 소속의 조총청(鳥銃廳)이었다. 광해군 때는 청나라의 세력이 급진적으로 확대되자, 북호(北胡)를 방어하기 위해서는 총포 제작에 중점을 두어야 한다는 대신들의 건의가 있어 1614년 조총청을 화기도감으로 개칭하고 화포를 만들게 되었다. 초기에는 기술과 경험이 부족해 제조기간이 오래 걸리기도 했고, 1년간 존속하다 1904년 행정제도 개편에 따라 군기창으로 개칭되었다.

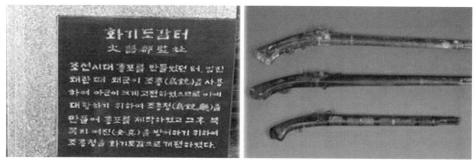

화기도감이 있었다는 것을 알리는 표지석 - 현재 정독도서관 입구 근처에 있었다.-

2. 서울교육박물관

옛 경기고등학교 건물 중 빨간 벽돌 건물은 서울교육박물관이다.
입장해서 들어서면 타임머신을 타고 어렸을 적 문방구 앞을 기웃거리는 어린아이가

된다. 알록달록 갖고 싶은 장난감에 먹고 싶은 불량식품에 달고나는 또 얼마나 맛있었는지 그저 달콤하기만 하다.

왼쪽은 상설전시관으로 삼국시대부터 개화기 근대교육, 일제 저항기의 교육, 해방과 6·25 한국전쟁 당시 교육 등 교육 변화에 대한 전시와 교육제도, 교육과정, 교육기관, 교육활동의 각종 도표 사진 유물 등이 시대별로 전시되어 있다.

오른쪽은 특별전시관으로 옛날 교복들을 전시하고 나무 책상과 걸상, 칠판, 풍금, 난로 등 옛 교실을 체험해 볼 수 있도록 꾸며 놓았고, 앞쪽엔 2019년 2월 27일부터 12월 7일까지 '대한의 독립과 결혼하다'라는 제목으로 3·1운동 및 대한민국 임시정부 수립 100주년 기념 특별전시를 하는데 잘 알려지지 않은 여성독립운동가들을 소개하고 있다.

최초의 여성비행사 권기옥(1901~1988), 여성교육의 선구자 김란사(1872~1919), 여성독립운동가의 어머니 김마리아(1892~1944), 손가락을 자른 여성독립군 남자현(1872~1933), 3·1운동의 불꽃 유관순(1902~1920), 최초의 여성의병장 윤희순(1860~1935)에 대해 현재 전시하고 있다.

조선말 갑신정변의 주역이었던 김옥균의 집은 도서관과 교육박물관 근처에 있었다.

3. 조선어학회 터

3·1운동 이후 일제가 우리문화를 말살하려는 정책을 펴자 장지영, 이윤재, 최현배 등은 조선어연구회를 만들어 우리말과 글을 연구하고 한글 보급에 노력하였다. 1931년에

는 조선어학회로 이름을 고치고 '한글 맞춤법 통일안'과 '표준어의 제정' 등 큰 성과를 내지만 《우리말큰사전》 편찬은 일제의 방해로 실패한다.

1942년 10월에는 조선어학회를 독립운동 단체로 간주하여 회원들을 체포, 투옥하는 조선어학회사건이 있었다. 이에 큰 타격을 받고 위축되었지만 잠시 쉬었다 8·15광복 후에는 한글학회로 현재까지 이어지고 있다.

북촌 화동에 조선어학회 회관을 지어 이주하게 하여 우리말을 편안하게 연구할 수 있도록 하며 《우리말큰사전》 출간을 돕지만 나중에 조선어학회사건으로 고문을 당하고 뚝섬 일대 큰 땅을 강탈당한 사람이 있는데, 바로 정세권이다.

1920년대 10년 동안 경성 인구는 폭발적으로 증가한다. 청계천을 경계로 남촌에는 일인이 살고 북촌에는 조선인이 살았는데 일제를 등에 업고 일인들이 북촌으로 들어와 서촌에 문화 주택을 짓고 살자, 정세권은 익선동, 계동, 재동, 가회동 등 북촌 일대에 조선집을 지어 일인들의 북진을 막고 북촌을 지키려 애썼다. 낙원동(탑골공원 북문 서쪽)에 4층 벽돌 건물을 지어 조선물산장려회의 물품 전시와 판매 회의 장소를 제공하는 등 한옥이 북촌 지역을 대표할 수 있었던 것은 옛 조선시대 한옥과 다른 개량된 좁은 한옥들을 보급한 정세권의 공이 크다 하겠다.

4. 안동교회

안동교회는 백정과 합석하기를 꺼렸던 승동교회 양반 신자들이 1909년 3월 7일 박승봉, 유성준 등에 의해 김창제의 집에서 첫 예배를 드리면서 시작되었다.

1911년 12월 백정 박성춘이 승동교회 장로가 되면서 천민과 양반의 해묵은 갈등은 마감된다. 1919년 3월12일 김백원 목사가 삼일운동 지지문서 작성 및 낭독 혐의로

구속되어 1년간 옥고를 치르기도 하였고, 1979년 12월 9일 지금의 성전이 준공되었다. 이 교회 앞에 거주하던 윤보선 전 대통령도 이 교회를 다녔고 조선어학회사건으로 옥고를 치룬 한글학자 이윤재 선생도 이 교회의 장로였다.

5. 윤보선가

2002년 사적 제438호로 지정된 이곳은 1870년대 지어졌고 박영효도 일본에서 귀국해 잠깐 살았던 곳으로 대지가 1,411평이고 건평은 250평이다. 1960년 4·19 이후 수립된 제2공화국에서 대통령을 지낸 윤보선이 어렸을 때부터 살았고 대통령 집무실로 쓰이기도 했다.

시대에 따라 개보수를 하여 18세기에서 20세기까지의 살림집 건축 역사를 볼 수 있고 현재는 영안주식회사가 소유, 관리하고 있다. 공적인 목적의 문화행사 때에는 집을 개방하고 있다.

6. 덕성여자중학교, 덕성여자고등학교

차미리사는 여성교육가이자 독립운동가로, 3·1만세 운동을 계기로 대중 여성들에 대한 교육의 필요를 절감하여 '조선여자교육회'를 창립하고 부인 야학강습소를 운영하다 점점 많은 학생들이 몰리자 1923년 근화학원을 세우게 되고 교장으로 취임하였다. 그녀

덕성여자중학교(왼쪽)와 덕성여자고등학교(오른쪽)

는 일찍 결혼했으나 3년 만에 사별했고, 교회를 다니다 미리사라는 세례명을 얻게 되고 중국과 미국으로 유학을 다녀온 후 여성 교육과 민족 교육에 헌신하게 된다.

1935년 9월 근화학원을 근화여자실업학교로 개편하여 여성들의 직업 교육을 하게 되지만 1938년 교명인 '근화'가 무궁화를 상징한다며 총독부의 압력이 계속되자 교명을 지금의 덕성여자대학의 전신인 '덕성'으로 변경하고 1951년 4월에 덕성여자고등학교와 덕성여자중학교로 개편되었다.

• 옛 천도교 중앙총본부 터

덕성여자중학교 앞에는 이곳이 예전 천도교 중앙총본부 터였음을 알리는 표지판이 있

'옛 천도교 중앙총본부 터' 표지판(왼쪽)과 현재 천도교 중앙총본부(오른쪽)

다. 천도교 중앙총본부는 천도교를 비롯한 기독교와 불교계와 제휴를 추진하고 각계의 3·1운동 통합 논의에서 중심이 됐던 장소였다. 이곳에서 천도교 3대 교주인 손병희의 지도 아래 독립을 선언하고 보성사에서 독립선언서를 인쇄하여 전국에 배포하고 만세 시위를 통해 독립운동을 전개하기로 결정했다. 덕성여자중학교는 천도교가 1921년 경운동 신축 교당으로 이전하면서 들어서게 되었다.

덕성여고 정문 앞 감고당 터 안내판과 여주 생가 옆에
복원된 감고당

덕성여고 본관 서북쪽 부근은 민유중의 딸로 숙종의 계비가 된 인현왕후의 친정집이 있던 곳이다. 인현왕후는 숙종과 가례를 올리고 왕비가 되었으나 장희빈이 낳은 왕자 균을 세자로 책봉하는 문제로 폐서인되어 출궁되었고 친정집으로 돌아와 6년간 갇혀 살다가 다시 궁궐로 돌아가게 된다. 이후 대대로 민씨 일족이 살았고, 인현왕후와 같은 여흥 민씨 집안 출신인 명성황후가 여덟 살 때 여주에서 올라와 이 집에서 살다가 1866년 왕비로 책봉되었다. 감고당 건물은 1966년 강북구 쌍문동의 덕성여대 학원장 공관으로 옮겨졌다가 2006년 명성황후 유적 성역화 사업에 따라 경기도 여주군의 생가 옆으로 이전 복원되었다.

7. 선학원

선학원은 일제강점기와 해방의 기간을 거치면서 한국불교의 전통계승에 앞장섰을 뿐아니라 스님들의 항일의식을 고취시킨 성지와 같은 곳이기도 했다.

당시 총독부는 사찰령을 만들어 사찰의 재산과 인사권을 장악했고, 한국불교계가 설립한 원종과 임제종을 폐지했다. 일제의 강압에 의해 설립 된 30본산은 친일성향을 당연히 띠게 되고 차츰 왜색불교화가 노골적으로 진행되었다. 그러자 만공, 남전, 도봉 스님 등 당대 선 지식인들은 일제가 추진한 사찰령에 구속받지 않는 공간을 만들어 조선불교의 전통을 세우려 했고, 일제의 관여를 피하기 위해 절이란 이름을 쓰지 않고 대신 선학원이라고 했다.

8. 옛 풍문여자고등학교 & 안동별궁 터

휘문학교 설립자 민영휘의 증손자인 민덕기는 증조모인 안유풍(민영휘의 아내)의 유지에 따라 1944년 예절 바르고 능력 있는 여성을 양성하기 위해 미국 장로교에서 경영하던 정신여학교가 폐교하게 되자 전 학년 4학급을 인수하여 안동별궁 터에 풍문여고를 개교하였다. 교명의 '풍'은 안유풍의 이름을 따라 지은 것이다.

지금은 강남 세곡동으로 이전하여 72년 전통의 풍문여자고등학교를 마감하고 2017년 풍문고등학교로 새 역사를 시작하고 있다. 현재는 서울시에서 이 학교를 매입하여 우리문화를 알리고 우리나라 공예의 가치를 널리 알리기 위해 '서울공예박물관'을 짓고

안동별궁 터 표지석과 옛 풍문여고의 모습이 남아 있던 모습

있는 중이다.

안동별궁이란 이름은 1879년 조선의 마지막 왕인 순종의 가례처로 사용되면서 고종이 붙인 이름이다.

이곳은 예전부터 역대 왕실의 저택이 있던 곳으로, 세종이 1448년 민가 600여 채를 헐고 동별궁을 지어 막내아들인 영응대군에게 주었고, 1450년 2월 이곳에서 승하하였다. 1472년 성종은 연경궁이라 이름 짓고 이를 월산대군에게 주었고, 부친인 의경세자의 사당인 의명묘를 세웠다. 여러 차례 주인이 바뀌었다가 1708년 숙종의 6남 연령군이 살았고, 은신군-남연군-흥선대원군이 소유하게 된다.

1866년 3월21일에 운현궁에서 가례를 올린 고종과 명성왕후는 이곳에서 친영례를 하였다. 이후 1884년 갑신정변 전야에는 궁녀 고대수가 이곳을 불태워서 거사의 신호로 삼으려 했던 역사적 장소이기도 하다.

지금의 덕성여고 남쪽에 갑신정변의 주역이었던 서광범의 집터가 있었다.

9. 승동교회

1894년에 사무엘 무어(Moore, Samuel Forman) 선교사가 곤당골(롯데호텔 자리) 가정집에서 첫 예배를 드리면서 곤당골교회가 설립되었고, 1905년 8월 지금의 위치로 이전하게 된다. 봉건사회의 잔재인 계급제도 타파에 관심을 가지고 전도 사업에 노력한 결과 백정

출신 박성출이 세례를 받고 백정들을 많이 전도하여 교회에 출석하게 되면서 한때 백정교회라는 별명이 생겼다.

1919년 2월 20일 당시 연희전문대생 김원벽을 주축으로 경성의 각 전문학교 대표자 20여 명이 승동교회에 모여 3·1운동의 지침과 계획을 논의하고 이후 3·1운동 당시 교회 지하실에 모여 태극기와 독립선언문을 나눠 갖게 되고 3·1만세운동에 적극 참여하게 된다. 또한 이 교회에서 대한여자기독교청년연합회(YWCA)가 창립되어 여성들의 사회활동과 봉사에 일익을 담당하는 계기를 만들기도 하였다.

봉건사회의 잔재를 떨치고 근대를 향한 몸부림에 '국가의 부강은 국민의 교육'에 있다던 100여 년 전 외침은 장원서에서 꽃을 피우듯 안국동천길 위에 아로새겨져 여성과 하층민들에게까지 촉촉이 젖어 뿌리내려지고 민권으로 향해 한 걸음 한 걸음 내딛었던 오래된 미래를 만나보았다. 이젠 그 길 위에 새로운 미래를 펼쳐보면 어떨까?

6 제생동천길, 배움과 생명이 태어나는 길

근대운동의 발원지를 찾아 거닐다

홍명옥
한성대 역사문화 전문해설사
christy61@naver.com

장경실
역사문화유산 스토리텔러
mathskj@naver.com

북악산에서 원류하는 물줄기 중 백운동천을 중심으로 낙산까지 흐르는 물길은 약 10여 곳에 이른다. 그 가운데서 제생동천은 가회동 중앙고등학교 뒤편에서 발원하여 계동과 안국역을 거쳐 낙원동 탑골공원까지 이어진다.

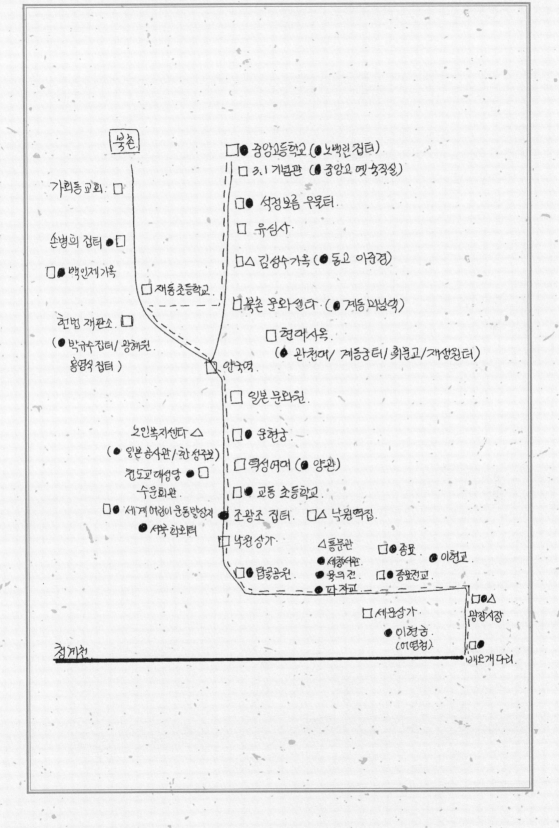

북촌

중앙고등학교 (●노백린 집터)
3.1 기념관 (●중앙고 옛 숙직실)

가회등교회 □

석정보름 우물터

유심사

손병희 집터 ●□

□● 백인제 가옥

김성수가옥 (●동고 이준경)

재동초등학교 □

북촌 문화센타 (●계동 피님복)

헌법 재판소 □
(● 박규수 집터/ 광혜원
홍영식 집터)

현대사옥
(● 관천대/ 계등궁터/ 휘문고/ 재생원터)

안국역

일본 문화원

노인복지센타 △
(● 일본 총사관/ 한성주보)

운현궁

천도교 대성당
수운회관

덕성여대 (● 양관)

□● 세계 어린이 운동발상지
● 서북 학회터

교동 초등학교

조광조 집터. □△ 낙원떡집

낙원 상가

동문관
세창서관
용의 전.

종묘
이현교
종묘전교

탑골공원.

관자교

세운상가

이현궁
(어영청)

왕장서장

청계천

배오개 다리

1. 제생동천의 원류, 근대운동의 발원지

　이 물길은 다시 종묘 부근으로 이어져 흐르다가 운니동에서 시작하는 금위영천과 창덕궁 신선원전에서 발원하는 북영천과 합류하게 된다. 합류한 물길은 종로4가 사거리에서 창경궁 옥류천과 합쳐져 청계천으로 흘러 들어가게 된다. 조선 초기에는 제생동천이 남쪽으로 흘러 곧바로 청계천과 합류하였으나, 홍수 피해가 자주 발생하자 세종 연간에 개천을 정비하면서 종로 북쪽 시전 행랑 뒤편으로 새로운 물길을 만들었다. 이때부터 제생동천길은 동쪽으로 흘러 창경궁 옥류천과 합류하여 청계천으로 흘러 들어가게 되었다.

2. 중앙고등학교, 3·1운동의 산실

　일제강점기 중앙학교는 3·1운동의 책원지이자 6·10만세운동의 주도지가 되었다. 중앙고 숙직실은 당시 일본 유학 중이던 송계백이 교사 현상윤과 교장 송진우를 찾아와 유학생들의 거사 계획 등 독립운동의 방향을 논의함으로써 3·1운동의 도화선을 놓은 장소이다. 중앙고 정문을 지나면 앞마당에 만세운동 기념비와 함께 3·1운동 책원지라고 적힌 기념비가 서 있다.

　중앙고 본관 우측 화단에 보면 노백린(1875~1926) 집터가 나온다. 노백린은 대한제국 고위 장교 출신 독립운동가로 이곳에서 1907년 신민회 조직에 참여했으며, 군대 해산 후 고향에서 교육구국 운동을 전개하였다. 국권상실 후 미국으로 망명하여 1914년 하와이에서 박용만이 창설한 대조선 국민군단에 관여하다가 캘리포니아로 건너가 언론활동에 종사하였다. 3·1운동 이후 상해에 대한민국 임시정부가 수립되면서 군무총장에 선임되자, 1920년 캘리포니아에 비행사양성소를 설립한 뒤 상해로 건너가 임시정부에 참여하였다.

중앙고등학교　　　　　　3·1운동 책원지　　　　　　노백린 집터

3. 유심사, 저항 시인의 독립운동

유심사는 한용운(1879~1944)이 거처하며 불교 잡지 〈유심〉을 발행했던 곳이다. 3·1운동 직전, 최린이 한용운을 찾아와 거사 계획을 알리고 불교계의 참여를 약속받은 공간이기도 하다. 한용운은 천도교 기독교 불교 등 종교계를 중심으로 추진된 3·1운동에 주도적으로 참여했다. 이 무렵 정인보는 "인도에는 간디가 있고, 조선에는 만해가 있다."라고 하여 한때 유명한 이야기가 되었다. 노년에는 성북동천에 있는 심우장에서 생활하였다.

유심사를 지나면 석정보름 우물터 안내판이 세워져 있다. 현재 우물 본래의 모습은 찾을 수 없지만 우물터가 보존되어 있어 옛 모습을 짐작해 볼 수 있다. 우물이 돌로 되어 있어 동네 이름도 석정골이라고 불리었다고 한다. 이 우물은 15일 동안은 맑고 15일 동안은 흐려진다고 하여 '보름'이 붙여졌다. 외국인 최초의 선교사였던 중국인 주문모 신부가 이 우물에서 길어낸 물로 영세하고 마시기도 한 것으로 전해지고 있다.

유심사 터

석정보름 우물터

4. 동고 이준경, 조선의 청백리

동고 이준경 집터(김성수 가옥)

계동 대동세무고등학교 골목길을 들어서면 오른쪽에 선조 때 영의정을 지낸 이준경의 집 터이자 인촌 김성수의 가옥이 보인다. 이준경은 조선 중기의 문신으로 호는 동고(東皐)이다. 검소하게 사는 그의 집을 멀리서 보면 창고처럼 보이므로 동쪽에 있는 창고라 하여 동고(東庫)라고 부르기도 하였다. 그래서 이 일대를 '이동고 터'라고도 한다.

김성수 가옥이 역사적인 장소가 된 이유는 이곳에서 1919년 2월 11일 최남선의 편지를 받고 상경한 이승훈이 현상윤의 중개로 송진우와 회합하면서 종교계를 일원화하는 계기를 마련한 장소이기 때문이다. 인촌 김성수는 2·8 독립선언을 주도한 송계백 선생에게 독립선언서 인쇄 및 여행 비용을 몰래 지원하기도 했다.

5. 헌법재판소, 근대의 가교자

현재 헌법재판소가 있는 자리는 박규수(1807~1877)의 집과 갑신정변의 주역 중 한 사람인 홍영식(1856~1884)의 집이 있던 곳이다. 박규수의 집터에는 수령 6백년을 헤아리는 재동 백송이 있다. 북학파의 거두인 박지원의 손자로 잘 알려져 있는 박규수는 효명세자(익종)와 친분이 두터웠다고 전해진다. 중국 사행길에서 돌아온 이후 개화의 필요성을 주장하지만, 뜻대로 실현되지 못하자 1874년 우의정을 사임하고 제자 양성에 힘썼다. 박규수 문하에서 개화사상을 배웠던 대표적인 인물로 홍영식, 김옥균, 박영효, 서광범 등을 들 수 있다. 홍영식은 영의정을 지낸 홍순목의 아들로 개화정책을 일선에서 이끌었으나 갑신정변의 실패로 박영효와 함께 국왕을 호위하다 청군에게 살해되었다. 그 후 홍영식의 집터에는 조선 최초의 서양식 병원인 광혜원이 들어서게 되었다.

헌법재판소를 나와 북쪽 가회동 주민센터가 있는 곳에 손병희(1861~1922) 집터라고 적힌 표지석을 볼 수 있다. 거사 전날인 1919년 2월 28일, 민족대표들이 상견례를 겸해 손병희 집에서 모여 독립선언식의 장소와 절차 등을 최종적으로 협의했다고 한다. 이 자리에 참석한 민족대표들(23인)은 독립선언서 장소인 탑골공원에 학생들이 집합하기로 되어 있다는 소식을 듣고 만일의 사태를 우려해 급히 선언식 장소를 인사동 태화관으로 변경하게 된다. 그로 인해 거사 당일 탑골공원에서는 학생들이 주축이 되어 별도의 독립선언식을 가졌다.

가회동 손병희 집터를 지나면, 바로 골목 안쪽에 근대 한옥의 양식을 고스란히 보존

손병희 집터

백인제 가옥

재동 백송

이상재 집터

하고 있는 백인제 가옥이 위치한다. 1907년 경성박람회 때 서울에 처음 소개된 압록강 흑송을 사용하여 지어진 백인제 가옥은 동시대의 전형적인 한옥과 구별되는 여러 특징들을 갖고 있다. 사랑채와 안채 두 공간이 복도로 연결되어 있어 문밖으로 나가지 않아도 자유롭게 이동할 수 있다. 근대 건축의 역사적 가치를 인정받아 1977년 서울특별시 민속문화재 제22호로 지정되었다.

6. 현대사옥, 조선의 천문기상대

현대사옥 건물 앞에 고려시대 천문기상대 역할을 하던 서운관이 있었다. 조선시대에는 서운관이 관상감으로 개칭되었다. 숙종 때 임진왜란으로 불타버린 관상감을 복구했는데, 현재 계동과 창경궁에 유적이 남아 있다. 현대사옥 서남쪽에는 조선시대 초기에 빈민과 행려의 치료를 맡아보았던 제생원의 표석이 있으며, 남쪽 율곡로 길가에는 대원군의 조카이며 고종 때 대신을 지낸 이재원의 집이었던 계동궁 터 표석이 있다.

현대사옥 옆 계동 140-10번지에는 독립운동가이자 정치가 몽양 여운형(1886~1947)이 〈조선중앙일보〉 사장으로 취임한 1933년부터 혜화동에서 암살당한 1947년까지 거주하였다. 여운형은 광복 당일 조선건국준비위원회를 조직하고 그 이튿날인 8월 16일에 계동 자택과 바로 붙어 있었던 휘문고 운동장에서 해방연설회를 개최하기도 했다.

계동 입구에 '계동마님댁'으로 잘 알려진 북촌문화센터는 한옥 문화와 가치를 홍보하는 공공 문화공간으로 활용되고 있다. 계동마님(민형기 며느리) 이규숙이 구술한 이야기에 따르면 궁궐 건축 목수에게 의뢰하여 창덕궁 후원의 연경당을 본떠 지었다고 한다. 연경당이 안채와 사랑채가 한 채임에도 불구하고 담과 행랑채로 분리되어 있듯이 이 집 또한 담으로 구분되어 있다.

관상감 관천대

재생원 터

계동궁 터

북촌문화센터

7. 운현궁, 근대의 기억

　운현궁은 흥선대원군의 사저로 고종이 출생하고 자란 곳이기도 하다. 고종이 즉위하면서 궁이라는 이름을 받은 이곳은 점차 규모를 확장하였다. 입구로 들어서면 이 집을 지키던 사람들이 머물던 수직사가 오른편에 있고, 안으로 들어가면 대원군이 머물렀던 사랑채 노안당이 있다. 안채로 쓰였던 이로당 앞에 있는 작은 기념관에는 대원군이 주장했던 쇄국정책을 알리는 척화비와 고종과 명성황후의 가례 등의 모습이 모형으로 전시되어 있다. 그리고 운현궁 동쪽 덕성여자대학교 평생교육원 경내에는 1910년경에 대원군의 손자 이준용이 지은 양관이 남아 있다.

　맞은편 서울노인복지센터가 있는 자리는 1884년 갑신정변 당시 일본공사관이 있었던 곳이자 한성주보(1886~1888) 박문국 터이기도 하다. 양관을 지나면 조선 최초의 근대식 초등교육기관인 교동초등학교가 있다. 왕실자제교육을 위해 설립된 이 소학교는 1895년 〈소학교령〉으로 이어져 전국에 초등학교가 설립되기 시작하는 근대교육의 효시가 된다.

　낙원상가 앞에는 100년을 훌쩍 넘은 전통 낙원떡집이 있다. 1912년 개업한 낙원떡집은 창덕궁 상궁에게 비법을 전수 받아 우리 전통의 떡을 지금까지 만들어내고 있다.

　낙원떡집 앞 횡단보도 중간 녹지에는 정암 조광조(1482~1519)가 살던 집터가 있다. 조광조는 중종반정 이후 유교적 이상정치를 현실에 구현하려는 다양한 개혁을 시도하였다. 시대를 앞서간 개혁정책은 기묘사화로 물거품이 되었다. 기묘사화와 관련해서는 사건의 전개 과정에 주초위왕(走肖爲王)이라는 술수가 활용된 것으로 알려져 있다.

서울노인복지센터　　　　운현궁　　　　　　　교동초등학교　　　　　　조광조 집터
(한성주보 박문국 터)

8. 천도교중앙대교당(수운회관), 항일독립운동과 신흥 사학의 산실

　천도교의 총본산으로 조선 후기 1860년대에 최제우를 교조로 하는 동학을 1905년

제3대 교주 손병희가 천도교로 개칭했다. 이곳에서 3·1운동을 준비하는 회의가 열렸으며 이를 바탕으로 독립선언문이 만들어지게 된다. 1945년 12월 24일 김구는 이곳에서 열린 천도교 인일기념식에 참석하여 "이 대교당이 없었다면 3·1운동이 없었고, 3·1운동이 없었다면 상해 임시정부가 없었고, 상해 임시정부가 없었다면 대한민국 정부가 없었다."라고 강조했을 정도로 항일운동의 거점이 되는 곳이다. 3·1운동을 앞두고 진행된 각종 비밀회합과 자금은 모두 천도교중앙대교당 건축 성금의 일부로 충당된 것이었다. 이 건물은 300만 교도가 1가구당 10원씩을 목표로 당시 22만원을 들여 비엔나 제체시온(Veinna Secession)풍으로 지어졌다. 천도교중앙대교당은 일제강점기 명동성당, 조선총독부 청사와 더불어 서울의 3대 건물로 꼽혔던 곳이다.

또한 이곳은 방정환이 중심이 된 어린이운동의 출발점이기도 했다. 전 세계적으로 어린이 운동을 한 최초의 나라가 우리나라였을 만큼 방정환 선생의 선각자적 역할은 매우 컸다. 천도교 수운회관 앞에는 서북학회 터가 표석으로 남아 있는데, 서북학회는 1908년 서북출신의 이갑, 이동휘, 안창호 등이 서울에서 조직했던 애국계몽단체이다. 서북학회는 1909년 초 신민회와 같이 독립전쟁 전략을 채택하면서 독립군기지건설에 주력하여 국외독립운동의 초석이 되었으며, 교육운동을 통해 독립운동의 발판을 마련하였다. 이곳에서 건국대와 단국대, 국민대 등의 신흥대학으로 탄생했고 고려대학교 전신인 보성전문학교와 협성실업학교도 한때 이 건물에서 배우고 가르쳤다.

세계어린이운동발상지

천도교중앙대교당

서북학회 터

9. 탑골공원, 독립선언서 낭독

탑골공원은 탑공원·탑동공원·파고다공원이라고도 하며, 한국 최초의 근대식 공원으로 알려졌다. 탑골공원 자리는 고려시대에는 흥복사가 있었고, 조선시대에는 원각사라는 절이 있었다. 공원 안에는 세조가 세운 원각사지 10층 석탑과 3·1운동 때 독립선언서를 낭독했던 팔각정이 남아 있고, 동북쪽 담장에는 3·1정신 찬양비와 3·1운동을 형상화

한 조형물이 설치되어 있으며 3·1운동 기념탑도 세워져 있다. 그리고 공원중앙에는 의암 손병희 동상이 건립되어 있어 그 당시 3·1 독립운동의 숨결을 느낄 수 있다. 탑골공원 삼일문 현판 글씨체를 보면 '삼'자와 '일'자는 독립선언서의 글자를 그대로 이용했고 '문'자는 다른 글자의 자음과 모음을 조합해 만들었다.

종로2가 종로타워 앞에는 육의전 터 표석이 자리하고 있다. 육의전은 조선시대에 독점적 상업권을 부여받고 국가에 필요한 물품을 조달한 서울의 여섯 시전을 말한다. 현재 육의전 건물 지하에 내려가면 그 당시 육의전의 흔적을 볼 수 있다. 육의전이 있는 운종가는 구름처럼 사람들이 모였다 흩어진다고 해서 붙여진 이름이다.

종로4가 77번지에는 세창서관 터가 위치한다. 근대의 중요한 책들을 출판한 세창서관은 1930년 신태삼이 설립하였다. 주로 편지류, 창가집, 고소설류를 출판하였는데, 주요 출판물은 편지류인《언문편지투》, 창가집인《모던 서울창가집》, 고소설인《배비장전》, 《사씨남정기》,《심청전》 등이 있다. 또 인사동길에는 1934년 문을 연 통문관이 위치하고 있다. 통문관은 국보급, 보물급 문화재와 서적의 발굴 유통에 힘써온 우리나라에서 가장 오래된 고서점이다. 처음 서점을 연 이겸로는 6·25 때 가재도구 대신 80권의 책을 짊어지고 피난길에 올랐다고 한다. 전쟁 폐허 속에서도〈독립신문〉,《월인석보》같은 문화재를 발굴하여 기증했다고 한다.

탑골공원	삼일문	경시서 터 (조선의 상행위 감독 기구)	세창서관 터

10. 종묘전교, 조선왕조의 뿌리

조선시대 종묘 앞길에는 폭 4.5m의 실개천이 흐르고 있었다.《세종실록》을 보면 이 실개천의 물길은 가회동으로부터 시작해 종로2가쪽에서 바로 청계천으로 이어졌었다. 그런데 세종 4년에 홍수에 의한 민간의 피해가 빈번해지자 이 물길을 종묘 앞쪽으로 흐르게 하여 인공제방을 만들게 되었다고 한다. 왕이 종묘에 행차하기 위해서는 이 물길을 건널 수 있는 다리가 필요했고 이때 세워진 다리가 바로 김정호의〈대동지지〉에 기

종묘전교

앙부일구와 하마비

록된 '종묘전교'이다. 이 다리는 널다리 형식으로 정면 3칸, 측면 2칸 규모인데 다리의 바닥 한가운데가 좌우보다 한 단 높은 어도 형식이고 다리가 설치된 가장자리 네 모서리에는 해태상을 새긴 화표주가 마련되어 있다.

전교 앞에는 하마비와 앙부일구(조선시대 해시계) 대석도 자리하고 있다. 앙부일구는 세종 16년(1434)에 종묘의 동쪽 출입구에 설치되었는데, 임진왜란 이후 받침대만 남아 있었다가 1930년 발굴되어 탑골공원에 옮겨졌다. 2015년 종묘광장을 정비하면서 이곳으로 옮겨 복원되었다.

11. 배오개다리, 배나무가 많은 고개

배오개는 현재 종로4가 인의동 부근에서 종로5가 쪽으로 있었던 고개 이름이다. 배나무가 많은 고개라 해서 이를 한자어로 '배나무 이(梨)'에 '고개 현(峴)'을 써서 '이현'으로도 불렸다. 창경궁 동남쪽에 있었던 배오개는 숲이 울창하고 고개가 험해서 사람들이 무리를 지어 다녔다고 한다. 이곳에는 광해군의 잠저였던 이현궁이 있었으며, 광해군 때 세자의 혼례를 치르는 별궁으로 삼아 세자빈 강씨가 머무르기도 했다. 이후 계운궁으로 개칭했다가 영조 때 어영청이 들어섰다.

배오개 남쪽 일대에 자리한 배오개시장은 종로의 시전, 남대문 칠패시장과 더불어 조선 3대 시장으로 유명하였다. 현재 광장시장은 그 뿌리를 배오개시장에 두고 있다. 을지로4가역 청계천 위에 놓인 '배오개다리'가 배오개(이현)시장의 위치를 짐작케 한다.

배오개 다리

광장시장

세운상가

7 북영천길, 창덕궁 깊은 숲에서 흐르는 물길을 보다

조선 후기의 중심지인 왕의 길을 걸으며……

이정희
문화유산전문해설사
leejh9705@naver.com

조경주
문화유산전문해설사
kyung6432@naver.com

훈련도감 북영이 있었던 곳에서 유래된 북영천은 북악산 줄기인 응봉에서 발원하여 창덕궁 북동쪽 신선원전 부근의 계곡에서 시작된 물길은, 요금문을 지나 창덕궁 안 금천교를 지나고, 돈화문과 단봉문 사이로 흘러 창덕궁 밖 남쪽으로 흐른다.

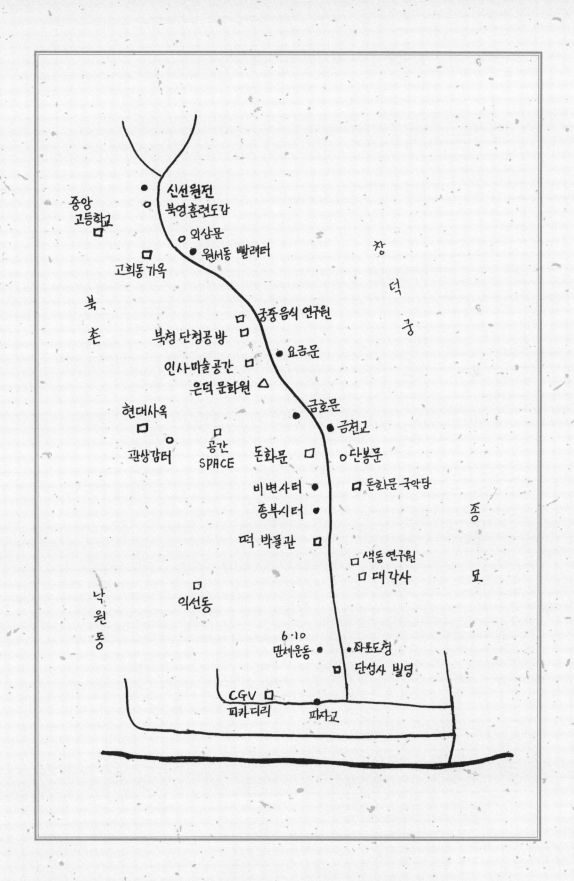

중앙
고등학교

신선원전

북영훈련도감

외삼문

원서동 빨래터

고희동 가옥

창
덕
궁

북
촌

궁중음식 연구원

북청 단청공방

요금문

인사마술공간

은덕 문화원

현대사옥

금호문

금천교

관상감터

공간
SPACE

돈화문

단봉문

돈화문 국악당

비변사터

종부시터

떡 박물관

종
묘

색동 연구원

대각사

낙
원
동

익선동

6·10
만세운동

좌포도청

단성사 빌딩

CGV
피카디리

파자교

1. 북영천의 원류, 창덕궁 깊은 역사와 함께 흐르는

　돈화문로와 종묘 사이로 난 작은 길을 따라 흘러 종로3가 단성사에 이르고, 이 물길은 다시 단성사 뒤편에서 동쪽으로 꺾어져 흐르다가, 창경궁 옥류천과 합류해 청계천으로 흘러 들어가게 된다.

2. 신선원전, 나라의 안위를 위한 산실

　창덕궁 후원 북동쪽에 위치한 신선원전은, 임진왜란 때 일본의 조선 침략에 대항하고자 조선에 군대를 파견했던 명나라 신종과 마지막 왕인 의종의 은의를 추모하고자 숙종(1704년) 때 쌓은 대보단이 있던 곳이다.

　이곳은 임진왜란(1593) 이후 설치된 북영 훈련도감과 후금에 대응하기 위해 설치된 어영청, 총융청, 수어청, 그리고 이후에 수도를 방위하기 위해 설치된 금위영을 합쳐 부르는 훈련도감이 있었던 곳이다.

　훈련도감은 임진왜란 이후 류성룡의 건의로 설치되었으나 세도정권의 물리적, 재정적 기반이 되었고, 고종 1881년에 군제개혁으로 별기군이 설치되면서 훈련도감은 마침내 역사의 뒤안길로 사라졌다.

　대보단은 일제 강점기때 일본인들에 의해 철거된 자리에 1921년 조선왕실의 전각으로 국왕 12분의 어진을 모신 신선원전이 자리한다.

옛 선원전, 천한전, 중화전에 모신 역대의 왕들의 어진을 이곳으로 옮겨진다. 이곳에 봉안되어 있던 어진은 한국전쟁 때 부산으로 옮겨졌다가 화재로 대부분 소실되었고, 영조의 초상화와 타다 남은 태조, 문조(효명세자), 철종 초상화만이 전하게 되었다.

신선원전

3. 중앙고등학교, 원서동에서 만난 근대화의 첫걸음

중앙고등보통학교는 일제의 침략이 본격적인 시기에 신학문을 통해 교육만이 국력을 만회하고 구국하는 길임을 깨달은 기호(畿湖) 지방의 우국지사들에 의하여 설립되었다. 기호학교로서 1915년 김성수 선생이 인수하여 1917년 중앙고등보통학교로 운영하였다.

동경에서 유학하고 있던 송계백은 1919년 1월 중순 국내로 들어와 중앙고등보통학교 교사인 현상윤 선생과 중앙학교 교장인 송진우에게 2·8독립선언서의 초안을 보여주면서 동경유학생들의 거사 계획을 알렸다. 이들이 만난 중앙학교 숙직실이 바로 지금의 중앙고등학교 삼일기념관인 것이다. 그들을 통하여 국내에 있는 젊고 새로운 지도급 인사들에게도 동경유학생의 독립선언 계획을 알려서, 그들도 독립운동에 적극적으로 참여를 촉구하였다.

또한 이곳은 3·1운동 이후 체육교사인 조철호는 1922년 10월 5일 조선소년군을 창설하고, 1926년 6·10 만세운동, 1929년 광주학생운동에 밑거름이 된 곳이다.

원서동가옥에서 만나는 고희동 선생은 역관인 아버지의 영향으로 프랑스어를 공부하다가 1909년 일본에서 서양화를 공부하게 되었다. 1915년 도쿄미술학교 서양화 과정을 마치고 귀국해 조선인 서양화가 1호가 되었으며 미술 운동의 기수로서 근대 화단의 형성과 전개에 선구적인 역할을 했다.

그가 1918년 직접 설계해 지은 목조 개량 한옥은 서양 주거문화와 일본 주거문화의 장점을 조화롭게 한옥에 잘 적용하여, 실용적인 주택으로 근대 초기 한국 주택의 특징을 잘 보여준다.

시민단체와 주민들의 노력으로 2004년 '원서동 고희동 가옥'이라는 이름으로 등록문화재로 등재되고, 복원과정을 거쳐 2012년 11월부터 전시공간으로 개관하면서 시민의 품으로 돌아올 수 있게 되었다.

중앙고등학교

고희동 고택

원서동 빨래터

백홍범 가옥은 한때 조선시대의 상궁이 살던 집으로 전해지며, 전통적인 한옥과 1930년대 이후의 집장사가 지은 집 사이의 과도기적인 형태를 보여주며 근대적인 건축 재료를 적극적으로 활용한 점이 돋보인다.

원서동 빨래터는 창덕궁의 북서쪽에 위치한 외삼문 오른쪽 궁장 아래로 흐르며, 소하천에 마련된 조선시대 유명한 물이 많은 빨래터 중의 한 곳이다.

궁궐의 궁인뿐만 아니라 일반 백성들도 다함께 이용할 수 있는 빨래터였으며, 궁궐에서 사용한 쌀뜨물이 흘러, 이 물로 빨래를 하면 때가 잘 진다하여 많은 사람들이 이용하면서 더욱 더 이름난 빨래터가 되었다. 외삼문 옆에 지금도 물이 흘러서 그때의 모습을 상상할 수 있는 곳이었다.

궁중음식연구원은 국가무형문화재인 〈조선왕조 궁중음식〉을 전수하는 기관으로, 조선왕조 궁중음식으로 고종과 순종을 모셨던 마지막 수라상궁 한희순에 의해 설립되었다. 궁에서 만들어지던 궁중음식의 종류 및 구체적인 조리방법을, 그대로 전수받아 계승한 국가지정 중요 무형문화재이다. 그분의 노력으로 잊혀 지지 않고 지금도 우리는 전통적인 궁중요리를 즐기고 세계적인 음식으로 발전할 수 있게 되었다.

4. 요금문과 금호문, 또 다른 역사가 있는 창덕궁 서쪽의 문

조선왕조 500여 년 동안 왕들이 가장 길게 생활하고 사랑을 받던 곳이 창덕궁이다. 창덕궁은 남쪽과 서쪽에는 궁담(宮墻)이 외부와 격리시키고 있어 문을 통해 출입이 가능했다. 남쪽 돈화문은 왕과 대신들 그리고 대간(臺諫)들, 중국 사신만이 출입하는 정문이다. 동남쪽엔 왕실 가족과 궁녀들, 내시와 상의원(尙衣院)과 사옹원(司饔院) 또는 궐내 각사에서 잡일하는 많은 사람들이 출입하는 단봉문(丹鳳門)이 있고, 서쪽으로 관료들이 출입하는 금호문(金虎門)과 비상시에 무인(武人)과 병사들의 출입문인 경추문(景秋門)이 있다.

궁궐 안에서 환자를 이송(移送)할 때와 국사범인의 추국을 위한 출입과 궁내에서 생활하는 궁녀나 내시 중에서 궁을 떠날 때 이용되는 요금문(曜金門)이 있다.

숙종의 인현왕후도 요금문을 통해 궁 밖으로 나가시고 돌아오실 때에도 사건이 잘 정리되기 전에 오시는 바람에 이 문으로 들어오시는 수모를 겪으셨다.

요금문을 자주 이용한 순조의 아들인 효명세자는 이 문으로 빠져나와 박지원의 손자인 박규수를 자주 만난 것으로 알려지고 있으며, 갑신정변 때 고종과 김옥균이 요금문

궁중음식연구원   금호문   은덕문화원

을 통하여 피신하기도 했다.

　금호문의 송학선 사건은 1926년 4월 28일 오후 1시 10분경 순종의 성복제(成服祭)에 참석하기 위해 자동차를 타고 창덕궁으로 들어가던 일본인 3명이 차에 오르자 이 중에 조선총독 사이토가 있는 것으로 오인하고 습격을 했지만 안타깝게도 실패하고 만다.

　금호문 의거 자체는 실패하였으나 당시 국내외에서 조직적인 무력항쟁의 길이 막혀 있는 상황에서 빈발하고 있던 의열투쟁의 하나로서 민족운동을 자극하여 6·10만세운동의 시발점이 되었다.

5. 돈화문과 금천교, 창덕궁의 보물(궁궐의 가장 오래된 문화유산)

　돈화문을 남쪽 정문으로 하고 있는 창덕궁은 1997년 다른 궁궐과 다르게, 자연을 훼손하지 않고 자연과 잘 어우러지게 건물을 지어, 왕들이 오래토록 사랑하고 사용한 곳을 유네스코 세계문화유산으로 등재하게 되었다.

　창덕궁의 금천(禁川)의 원래 이름은 금천(錦川)으로 궁궐을 드나드는 관리들이 맑고 바른 마음으로 나랏일을 살피라는 상징적인 의미를 가지고 있다. 금천교는 태종 11년(1411년)에 세워진 것으로 조선 궁궐에 남아 있는 다리 가운데 가장 오래된 돌다리이며, 난간 네 귀퉁이에 각각 다른 표정을 한 동물들이 새겨져 있으며 두 홍예 사이를 받치고 있는

돈화문

금천교

돌 위에도 남쪽과 북쪽에 해태상과 거북이상을 한 석수가 궁궐을 화마로부터 지키고 있다. 지금도 비가 오면 물이 흐르는 것을 볼 수 있다.

돈화문(敦化門)은 창덕궁의 정문으로 태종 12년(1412년) 처음 세워진, 현존하는 궁궐문 중에서 가장 오래된 문으로 유일하게 정면이 5칸 규모로 되어 있다. 지금의 돈화문은 임진왜란 때 불타버린 것을 선조 40년(1607년)에 재건하여 원년에 완공한 문이다. 돈화문은 궁궐의 정문이나 창덕궁 서남쪽 모서리에 있는데, 그 이유는 산자락에 자리 잡은 창덕궁의 지리적 특수성 때문이다.

궁궐 정면에는 북악의 매봉이 연결되어 있고, 이곳에는 조선의 가장 신성한 공간인 종묘가 있어 창덕궁의 정문이 들어설 수 없어서 서쪽으로 약간 치우쳐 있다. 돈화문은 화려하게 단청된 이층집으로, 종과 북이 설치되어 날마다 정오와 인정 때에 종이 울리고, 파루 때에는 북을 쳤다고 하나 지금은 종과 북이 없어졌다.

6. 창덕궁 돈화문전로, 전통문화예술의 중심지

조선시대의 수도인 한양은 동양의 역대 왕도들이 그러하였듯이 그 특징이 왕권을 상징하는 정치도시의 성격이었다. 특히 한양계획의 일부로 경복궁 앞거리에 실현된 육조거리 계획에서 구체적인 예를 찾을 수 있다.

경복궁 앞 육조거리는 동양의 역대 수도에 건설된 큰 도시와 마찬가지로 조선왕조 500년 동안의 정치중심가를 형성하였다. 광화문은 국가적 의례를 치르는 장소가 되거나 사람들이 출입하는 통행문 및 왕의 통상적인 출입문으로 쓰였고, 나라의 특별한 행사가 있을 때 왕이 직접 나와서 행사를 관람하는 장소가 되었다.

신문 기사에서 "태조 7년에 임금이 궁성의 남문에 거둥하여 돌을 던져 싸우는 놀음을 구경하였다."는 척석놀이(석전놀이) 기사를 볼 수 있다. 조선 초에 광화문 앞 육조거리의 양쪽에 건설되었던 관아 건물들은 임진왜란 전까지 큰 변화 없이 그대로 존속되었다가 임진 병자 양난으로 거의 모두 파괴되어 거처할 수 없게 되었다.

임진왜란 때 소실되었다가 1608년 창덕궁이 복구되면서 돈화문도 다시 세워졌다. 광화문 앞 세종대로에 나라를 다스리는 기반이 된 육조(六曹)가 있었다면 돈화문로에는 시전행랑이 있었고, 영조 재위 4년에 일어난 이인좌의 난을 진압하면서 돈화문 2층인 돈화문루에 영조께서 거둥하시어 임금에게 바치는 헌괵례(獻馘禮, 싸움에 나간 장수가 적장의 머리를 왕 앞에 바치는 의식)를 받으면서, 한양에 사는 노인들을 초청하여 이들을 위로하고 자신의 심경을 토로하는 장소이기도 했다.

육조거리 일대가 복구된 때는 대원군이 경복궁을 중건한 이후인 1871년 경이었다. 육조거리가 복구되기까지의 약 270년간의 공백 기간 동안은 창덕궁의 돈화문 앞 거리가 큰 도시로서의 역할을 대신하였다.

일제는 조선 궁궐의 위엄을 없애기 위해 창덕궁, 창경궁과 종묘를 동서로 가로지르는 율곡로를 뚫었으며 이로 인해 궁궐과 종묘의 어도가 바로 연결되지 못하고 끊기게 되었다. 지금은 다시 창덕궁과 종묘를 연결하고 율곡로 차도를 지하로 뚫는 공사가 진행 중에 있다.

가장 오랫동안 실질적 법궁으로 사용된 창덕궁 앞 돈화문로 일대는 수도 한양의 정치적 지리적 중심이었으나 일제의 의해 궁궐이 해체되면서, 궁궐의 문화와 관습은 돈화문 일대로 나오면서 유지되고 활성화되었다. 서민들의 생활과 문화에도 영향을 주었으며 지금까지 이어져 궁궐의 문화를 이어가고 발전시킬 수 있었다.

돈화문로는 우리 역사의 자취가 깃든 곳으로 돈화문국악당, 떡박물관, 한복연구소, 색동연구원 등이 있으며 전통악기사와 재례용품점 등이 많은 거리이다.

요즘은 돈화문로와 낙원동 사이에 있는 익선동이 새로 떠오른 젊은이들의 거리로 거듭나고 있다. 옛것을 부수고 새로운 것이 좋았던 시대도 있었으나 이제는 옛것을 간직하고 숨결이 남아 있는 곳을 우리 젊은이들이 찾고 있다고 하니 희망의 서울을 느끼게 한다.

7. 종부시 터와 비변사 터, 왕실의 권위와 안녕을 위한

조선 초기 왕실의 족보를 편찬하고 종실을 관리하던 관청인 종부시가 1392년(태조 1)

에 설치한 전중시를 1401년(태종 1)에 고친 것으로, 1864년(고종 1)까지 이어오다가 종친부(宗親府)에 통합되었으며, 종친들의 정치 관여와 왕의 지위에 위험이 없도록 관리했던 곳이 종부시이다.

비변사는 1510년(중종 5) 삼포왜란이 일어나자 임시비상대책기구로 만들었으며, 1592년(선조 25) 임진왜란을 계기로 국가 모든 행정이 전쟁수행에 직결되자, 비변사의 기구가 강화되고 권한도 크게 확대되면서, 주요 국정을 비변사회의에서 결정하게 되었다.

조선 중, 후기 의정부를 대신하여 국정 전반을 총괄한 실질적인 최고의 관청이었으며, 대원군이 집권하면서 의정부와 비변사의 책임을 규정하면서, 의정부에 국정의결권을 이관하면서 비변사의 기능이 약화되었다. 이후 3군부 제도를 부활시키면서 폐지되었다.

포도청은 지금의 경찰청과 비슷하며, 조선시대 죄인을 포박하고 심문하며, 도둑과 화재예방을 위해 순찰 등으로 백성의 안전을 위해 일하는 관청이었다. 좌포도청은 현재의 서울 종로구 수은동 56번지 일대이며, 우포도청은 현재의 종로1가 89번지 일대이다. 고종 31년 갑오경장 때에 좌우포청을 없애고 경무청으로 개편되었고, 관할지역은 한성부에서 전국으로 확대되면서 경시청으로 개칭되었다.

비변사 터   종부시 터   돈화문로

8. 단성사 - 대중문화예술의 시작과 발전

서울에서 사업을 하던 지명근, 주수영, 박태일 등이 공동 출자하여 기존 목조 2층의 건물을 이용하여 세웠다. 1910년대 중반에는 주로 판소리, 창극 등 전통연희를 위한 공연장이었고 가끔 활동사진도 상영하였으며, 박승필이 인수하면서 상설영화관으로 바뀌었다. 특히 이곳에서 1919년 10월 27일 한국인이 만든 최초의 영화 〈의리의 구토〉가 개봉되었으며 이날을 기념해서 〈영화인의 날〉로 만들어졌다.

1926년 나윤규의 민족영화 〈아리랑〉도 단성사에서 개봉하여 서울 시내를 들끓게 하였으며, 1929년 극단 조선연극사(朝鮮硏劇舍)도 창립공연을 하였으며, 1930년대에는 외국 영화도 상영하였다.

극장이 드물던 개화기로부터 광복 직후까지 연극과 영화 상영의 주요 근거지였다는 점에서 큰 의미가 있으며, 광복 후에도 악극(樂劇)을 공연하였고, 한국전쟁 이후 영화관으로 바뀌어 오늘날까지 존속되고 있는 우리나라에서 가장 오래된 극장이다.

1926년 6월 10일 순종의 국장행렬이 창덕궁에서 돈화문로를 지나 단성사 앞을 통과할 때 중앙고보생 이선호 등이 대한독립만세를 선창하였으며, 그곳이 종로3가 단성사 앞 파조교였다.

중앙고보생 30~40명이 이선호의 선창으로 '조선독립만세'를 외치고 격문 1천여 매를 배포하자 이때 수백 명의 학생이 일제히 만세를 부르며 태극기를 흔드니 부근에 모여 있던 군중들도 이에 동조하여 만세를 불렀다.

이날 만세시위로 현장에서 일제경찰에 의해 검거된 학생과 청년은 전국적으로 1천여 명에 이르렀으며, 침체된 민족운동에 새로운 활기를 안겨주었다. 3·1운동과 광주학생운동과 더불어 민족 독립운동사의 큰 횃불이 되었다.

파자교 또는 파자전교는 조정대신들이 창덕궁에서 조회(朝會)를 파(罷)하고 이 다리를 지나서 집으로 돌아갔으므로 파조교라고도 하였다. 억울한 일을 당한 백성들이 관리들을 만나기 위하여 이 다리에서 기다리기도 하였다.

다리 위에 정부를 비판하는 글을 걸어두기도 하였으며, 다리는 종로 북측 행랑 뒤편으로 흐르는 회동, 제생동천과 창덕궁 돈화문에서 종로로 이어지는 도로가 만나는 지점에 있었다.

단성사 과거   단성사 현재

8 흥덕동천길, 성균관 유생의 책 읽는 소리 들리다

대학로-청춘·열정·문화·공연의 공간

김재랑
역사강사·문화유산전문해설사
kjrang5@naver.com

김수영
문화유산전문해설사
lisa6704@naver.com

청춘들이 모여드는 곳, 서울 대학로를 흘렀던 흥덕동천은 물길이 시작된 지명에서 이름을 얻었다. 태조 이성계가 창건한 흥덕사에서 유래한 흥덕동은 종로구의 혜화동과 명륜동의 조선시대 지명 이기도 하다.

현재 서울과학고가 자리한 옛 북묘 부근에서 시작된 흥덕동천은 대학로와 동대문을 지나 청계천 으로 흘러든다. 이 물길은 시작된 지 얼마 가지 않아 혜화초등학교를 지나고, 남쪽 혜화동 로터리 쪽으로 흐르다가 성균관의 좌우에서 내려온 물과 합쳐지게 된다.

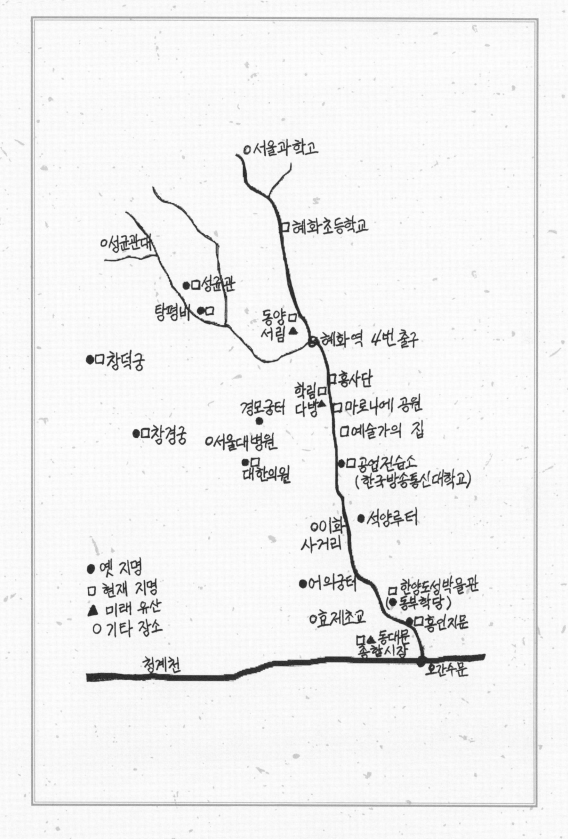

1. 흥덕동천의 원류, 청춘들이 모여드는 곳

성균관 서쪽 담장과 창경궁 담장 사이로 난 계곡을 따라 흐르던 물은 서반수, 성균관 동쪽을 따라 내려온 물은 동반수라 불렸다. 성균관의 다른 이름인 반궁에서 비롯된 이름의 이 반수들은 성균관대학교 정문 부근에서 하나가 되어 남쪽으로 향하다 동쪽으로 꺾어진다. 지금의 혜화역 4번 출구 근처에서 흥덕동천과 합류하면서 '성균관 흥덕동 제천수'라 불리기도 했다.

〈수선총도〉에는 이 물길 위에 열다섯 개의 다리가 표시되어 있다. 1926년 이곳에 경성제국대학이 세워지면서 대학천이라고 불렸는데, 1977년 이후 모두 복개되었다. 2009년, 대학로 위에 인공 수로를 내어 물길을 만들었지만 흥덕동천의 옛 물길과는 다르게 펼쳐져 있다. 특히 혜화동 로터리부터 종로5가 사거리에 이르는 길을 대학로라 부르는데, 청춘들이 모여드는 문화와 공연의 중심지로 자리매김하고 있다.

2. 성균관, 조선시대 최고의 교육기관

명륜동에 있는 성균관대학교 정문에 서면 입구 동쪽에 성균관임을 알리는 표석을 볼 수 있다. 성균관은 조선시대에 인재양성을 위하여 한양에 세워진 국립대학이다. 지금의 초등교육을 맡은 곳이 서당이라면, 중고등과정은 서울에서는 사학(四學), 지방의 경우 향교에서 이루어졌다. 소과에 합격하면 생원이나 진사가 되었고, 대과에 응시할 자격이 주어졌다. 소과에 합격한 사람들은 조선시대 최고의 교육기관인 성균관에 입학할 수 있었고 졸업한 후 과거 시험의 대과에 응시하여 합격하면 고급 관리가 되었다.

성균관은 반궁이라고도 불렸다. 천자국의 학교가 사방이 물로 둘러싸이는 것에 비

명륜당 앞 은행나무　　　　　추기 석전제가 열리고 있는 대성전　　　　성균관대학교 정문 왼쪽의 탕평비각

해, 제후국의 학교는 반쪽만 물이 흐르도록 한다는 규정에서 나온 이름이다. 명륜당은 성균관의 교육이 이뤄지는 중심 건물로 학관들이 유생들을 가르쳤던 공간이다. 명륜당 앞 양쪽에 나란히 있는 두 건물은 성균관 유생들의 기숙사로서 동재와 서재가 있다. 명륜당 앞마당에 서 있는 두 그루의 은행나무는 천연기념물 59호로 1519년, 대사성을 지낸 윤탁이 심었다고 전해진다. 우리나라 천 원짜리 지폐에도 등장하는 이 나무들은 2019년, 올해로 오백 살이 되었다. 마침 이 글의 원고 마감일 쯤, 9월 29일에 '식수 500주년 기념행사'가 명륜당에서 열렸다. 참고로 은행나무는 공자가 제자들을 가르칠 때 행단에서 강학했기 때문에 유학의 상징이 되었고, 서원과 향교에도 자라고 있다.

명륜당 남쪽에는 유교의 성인인 공자와 이름난 유학자들의 제사를 모시는 사당, 문묘가 있다. 공자가 중국 당나라 때 문선왕으로 추봉되면서 문선왕묘라고 불리고, 원나라 이후로 이 이름으로 굳어진 것이다. 문묘의 정전인 대성전에는 공자의 위패를 중심으로 4성, 공자의 십대 제자인 공문 10철, 주자를 비롯한 송조 6현, 우리나라의 이름난 유학자 18현 등 모두 39명의 위패가 모셔져 있다. 대성전 뜰에는 은행나무뿐만 아니라 학자수라 불리는 회화나무도 자라고 있다. 또한 대성전 바로 앞에는 두 그루의 측백나무가 자라는데 동쪽에 있는 나무는 주 가지가 세 개, 서쪽에 있는 나무는 다섯 개이다. 그래서 이 나무들은 삼강오륜목이라고 한다. 대성전 양쪽으로 동무, 서무가 석전행사 때 열리는 삼문이 있다. 역대 임금들은 문묘로 행차할 때 창경궁의 북문인 집춘문을 통해 드나들 수 있었다.

성균관대학 정문 왼쪽에 세워진 비각 안에는 영조 때 세운 탕평비가 있다. 1742년, 영조가 직접 쓴 글로 비에 새겨 성균관 입구에 세웠다고 한다. 영조는 왕세제시절에 당쟁의 폐해를 직접 경험하였기 때문에 노론 세력의 지지를 받아 왕위에 오른 후 당쟁의 조정에 힘을 기울였다. 붕당을 조성하는 사람은 국정에 참여시키지 않겠다는 탕평책의 뜻을 성균관 유생들에게 널리 알리기 위해 세웠다. 비문은 '두루 사귀어 편을 가르지 않는 것이 군자의 공정한 마음이고, 편을 가르고 두루 사귀지 않는 것이 소인의 사사로운 마음이다.'라는 뜻이 담겨 있다.

3. 혜화동 로터리, 희망과 시련의 상징

성균관에서 창경궁로를 따라 혜화동 로터리를 향하다 보면 녹슨 간판의 동양서림이 있다. 1953년, 장욱진 화백의 부인 이순경 씨가 개업한 유서 깊은 서점이다. '동양서림'이

동양서림

동양서림의 서울미래유산 인증표식(동판)

라는 이름은 이씨의 아버지인 역사학자 이병도 씨가 지었는데 '서림'은 '책의 숲'이라는 뜻이다. 그 일대의 책방들이 하나둘 사라졌지만 동양서림은 단골들의 당부대로 한결같이 그 자리에서 혜화동을 지키고 있는 서점이다. 대학로에서 약속 잡은 사람들이 한 번쯤은 들렀을 법한 공간이다. 오랜 세월을 견뎌낸 덕분에 서울미래유산 인증패를 받아 유지되고 있다.

홍덕동천의 발원지인 북묘 부근에서 혜화동 로터리로 향하다 보면 왼쪽에 혜화초등학교가 있다. 성균관에서 일하는 노비인 반인들, 이른바 백정들의 꿈이 시작된 곳이다. 조선시대 때는 이 반인들이 사는 동네를 반촌이라 불렀는데, 순라군도 함부로 들어가지 못했다고 한다. 그들이 일하는 성균관이 조선 최고의 교육기관이었고 공자를 배향하는 곳이었기 때문에 같은 노비였어도 입지가 달랐던 것이다. 반촌 사람들은 6개월마다 성균관 당번을 맡았는데 비번인 사람들은 각자 상업 등의 생업에 종사하였다. 재인이라는 사람들은 성균관 제사에 쓰이는 동물들을 잡는 도살업자로서 다림방 또는 현방이라고 하는 푸줏간을 독점 경영하는 권리도 얻었다. 그들은 성균관 유생들을 위한 하숙집과 식당도 차렸고, 설렁탕을 반촌 독점 음식으로 팔았다.

이렇게 경제적인 부를 차지한 반인들은 갑오개혁을 계기로 노비 신분에서 벗어나게 되면서 '숭정의숙'이라는 근대 교육기관을 통해 자신들의 신분을 높일 기회로 삼는다. 성균관 주변에서 살았던 반인들이 똘똘 뭉쳐 자식들이라도 신분 상승을 시키겠다는 희망을 가지고 세웠던 배움터다. 1910년 세워진 이 학교의 이름은 명륜동 일대의 옛 지명인 숭교방에서 나온 이름으로, 1923년 숭정학교로 변경되었다. 바로 강북 지역 최고 학교로 군림하게 되는 혜화초등학교의 전신이다. 이 학교는 경제적으로 여유 있었던 상인층인 반인들의 후원을 받아 재정적 어려움 없이 운영되었다.

한편 혜화동 로터리는 현대사의 한 획을 그었던 몽양 여운형이 암살당한 공간이다. 일제의 패망을 내다보고 대비하던 그는 해방 직후 '조선건국준비위원회'를 만들어 활동한다. 하지만 좌우대립이 극심해지면서 여운형과 같은 중도파들의 입지가 점점 좁아진다. 좌우 합작운동 실패 후, 2차 미소공동위원회를 대비하던 그는 지속적인 위협에 시달려야 했다. 1947년 7월 19일, 혜화동 로터리에서 극우청년에게 암살당하면서 건준위의 이상도 그의 죽음과 함께 역사의 뒤안길에 묻히게 되었다.

4. 대학로, 문화 공연의 중심지

　혜화동우체국과 파출소를 끼고 로터리를 돌아 남쪽으로 내려오면 흥사단이 보인다. 독립운동가이며 교육자였던 도산 안창호 선생이 1913년 미국 샌프란시스코에서 조직한 민족운동단체이다. 민족부흥을 위한 실력양성을 목표로 무실역행과 충의용감을 기본 정신으로 삼았다. 도산은 부강한 나라를 만들기 위해 대성학교를 세워 인재들이 민족교육을 받게 했고, 그 단원들과 함께 3·1운동이나 수양동우회 사건 등 독립운동을 적극적으로 이끌었다. 도산은 일제에 대항해 옥고를 자주 치르면서 해방 전인 1938년에 죽음을 맞았고, 지금은 도산공원에 안장되었다. 도산은 떠났지만 1977년 9월, 동숭동의 지금 자리에 본부를 마련한 흥사단은 도산의 정신과 가르침을 전하며 풀뿌리 시민운동을 펼치고 있다. 특히 부설조직으로 민족통일운동본부, 투명사회운동본부, 교육운동본부 등의 활발한 사업이 운영되고 있다. 흥사단 앞에는 2013년 흥사단 창립 100주년에 제막된 안창호 선생의 동상이 있다. 동상 뒷면을 살펴보면 '그대는 나라를 사랑하는가? 그러면 먼저 그대가 건전한 인격이 되라.'는 선생의 말씀이 새겨져 있다.

　흥사단에서 혜화역 2번 출구를 지나면 왼쪽에 마로니에공원이 있다. 한국을 대표하는 공원이자 대학로의 중심으로 1975년 서울대 문리대학과 법과대학이 관악캠퍼스로 옮겨간 뒤 그 자리에 공원으로 조성되었다. 이곳의 마로니에는 1929년 4월 5일 서울대의 전신인 경성제국대학 시절에 심은 것으로 대학로 마로니에공원의 상징이 되었다. 서

홍사단

마로니에공원의 서울대학교 터 모형

학림다방의 서울미래유산 인증표식(동판)

울대학교 캠퍼스 때문에 이곳을 지나던 흥덕동천 물길은 '대학천'이라 불렸고, 또 '세느강'이라는 이름을 얻었다. 또한 서울대학교 정문 앞 도랑 위에 놓인 다리는 '미라보' 다리로 불렸다.

마로니에공원 북쪽의 '아르코예술극장'은 건축가 김수근이 설계했으며, 특히 신진 예술가들의 창작 발표 공간으로 사랑받고 있다. 공원 동쪽에 있는 아르코미술관도 김수근 작품으로 그 특유의 붉은 벽돌로 지어졌다. 비영리로 운영되는 공공미술관으로서 주로 한국 현대 작가들의 작품들을 전시한다. 공원 남쪽에 있는 '예술가의 집'은 일제강점기 경성제국대학 본관으로 사용되었던 곳이다. 문화예술진흥원의 청사로 사용되다가 2010년 12월, 예술가들이 창작하고 소통할 수 있는 공간으로 바뀌어 쓰이고 있다.

흥사단 건너편으로는 1956년에 문을 연 커피숍인 학림다방이 있다. 서울대 문리대의 축제명인 '학림제'에서 따왔으며 예술계 인사들의 사랑방으로 이용되었던 장소이다. 이청준, 김승옥, 김지하, 황지우 등 많은 문학인들의 단골집이었으며 '학림사건'의 시발점이 된 곳이다. '학림사건'은 1981년 민주화운동단체인 전국민주학생연맹이 이곳에서 첫 회합을 가졌다가 전두환 신군부에 의해 반국가단체로 처벌받은 사건이다. 드라마 〈별에서 온 그대〉 주인공이 장기를 두는 장면을 촬영해 한때 중국인 관광객들로 붐볐던 곳이다. 2013년에 서울 미래유산으로 지정되었다.

5. 서울대학병원, 사도세자의 사당터

학림다방 남쪽인 연건동에는 서울대학교 의과대학과 병원이 자리하고 있다. 정문을 들어선 후 어린이병원을 지나 주차장에 가기 전에 고풍스런 건물을 만날 수 있는데 바로 서울대학교 병원의 전신이라 할 수 있는 대한의원이다. 우리나라 최초의 국립병원으로 1907년 서양식 병원이었던 광제원 옛 건물에서 개원했다가 1910년 국권을 상실하게 되자 조선총독부의원이 되었다. 1926년 그 부속기관이던 의학강습소가 서울대학교의 전신인 경성제국대학에 편입되면서 대학병원으로 개편되었으며, 1945년 광복 후에는 서울대학교 부속병원이 되었다. 이 건물에는 유럽 네오-바로크풍 양식으로 시계탑이 있으며 한때 한국은행 본관, 동양척식주식회사 건물과 함께 유명 건물로 손꼽았다. 사적 제248호로 현재 서울대학교병원 부설 병원연구소 겸 의학박물관으로 사용되고 있다.

서울대학병원 뒤편으로 돌아가면 경모궁 터가 있다. 영조의 아들이었으나 끝내 왕이 되지 못하고 뒤주 속에서 생을 마감한 사도세자의 사당이 있던 자리이다. 노론과 소론

대한의원   대한의원 변천과정   경모궁터

의 대립 속에서 영조는 아들이 죽은 후 생각할 사, 슬퍼할 도-사도라는 시호를 내렸다. 1764년인 영조 40년 봄, 북부 순화방에 세워졌던 사도세자의 사당은 여름에 동부 숭교방으로 건물을 옮겨 수은묘라 부르게 되었다. 1776년, 사도세자의 아들인 정조가 왕위에 오르면서 아버지에게 장헌이라는 시호를 올렸고, 사당을 다시 지어 경모궁이라 불렀다. 현재는 함춘문과 석단만 남아 있는데 정조는 창경궁의 월근문을 이용해 매월 초하루에 이 경모궁으로 참배하러 왔다. 그런데 이 경모궁은 부근에 대한의원이 들어섰다가 후에 경성제국대학 부속의원이 들어서면서 터만 남게 되었다.

6. 공업전습소, 근대 실업교육의 본산

서울대학교병원에서 다시 대학로로 나오면 길 건너 남서쪽에 은회색 목조 건물이 보인다. 근대 실업교육의 본산이라 할 수 있는 구 공업전습소 본관이다. 전체적으로 르네상스 시대의 팔라초풍을 이루고 있으며 외벽은 독일식 나무 비늘판으로 마감되어 있다. 탁지부 건축소가 설계한 몇 안 되는 현존 건물로서 중요한 가치를 지니며 사적 제279호다. 갑오개혁 이후 근대 교육제도와 실업교육의 중요성이 강조되면서 1906년, 전환국의 기계시험소가 있던 터에 세워졌다. 모집 정원이 50명이었는데 첫해 지원자가 천 명 이상일 만큼 인기를 끌었다. 학교 행사에 총독을 비롯한 간부들이 참여했다는 기록이 있다.

일제강점기 때 조선인들이 스스로 대학 설립 운동을 벌이자, 일제는 그 대책으로 이 공업전습소 옆에 경성제국대학을 세웠다. 해방 후 미군정의 종합대학 설립안에 따라 경성제국대학을 중심으로 여러 관립 전문학교가 통합되었고 국립 서울대학교가 설립되었다. 공업전습소는 나중에 국립공업시험원 본관이 되었고, 지금은 한국방송통신대학교의 역사기록관으로 쓰이고 있다.

공업전습소

공업전습소 안내판

한국방송통신대학교는 직장과 학업의 병행이 가능한 4년제 국립원격대학이다. 1972년, 우리나라 최초의 평생교육기관으로서 서울대학교 부설 초급대학과정으로 개교했다. 서울대 문리과대학이 신림동의 관악캠퍼스로 이전하면서 그 공간을 활용하였고 5년제 학사과정으로 개편, 1982년 서울대학교 부설에서 분리 독립되었다. 전국의 각 지역에 학습관을 설치하였고 1991년에는 학사과정으로 개편되었다. 1993년 한국방송통신대학교로 명칭을 변경하였으며 4개의 단과대학에 23개의 학과와 1개의 연계전공으로 구성되어 있다. 학사관리가 다소 엄격한 편이라 입학생 대비 졸업생 비율은 20% 정도이며 학부 외에도 대학원과 프라임칼리지를 운영하고 있다.

7. 석양루와 어의궁, 효제충신의 공간

공업전습소에서 대학로를 따라 남쪽으로 내려가다가 서울사대부속초등학교 동쪽으로 돌아가면 이화동주민센터 옆에 석양루 표식이 있다. 인조의 셋째 아들이자 효종의 동생인 인평대군이 살았던 곳이다. 병자호란 후 청나라에 인질로 끌려갔다온 그가 지냈던 석양루는 저녁 햇빛이 잘 들어서 붙여졌다고 한다. 《동국여지비고》〈제택조〉에는 "인평대군 집이 용흥궁과 마주하고 있어서 석양루라고 한다. 단청을 칠하고 담벽에 그림을 그려서 크고 아름답기가 장안에서 제일가는 집이었다. 지금은 왕실에서 사용하는 관곽을 제조, 수리하는 곳인 장생전으로 쓰인다."고 기록되어 있다.

석양루에서 이화사거리로 나와 남쪽으로 향해 가면 효제동 한빛프라자 부근 도로에 어의궁 터 표지판이 있다. 인조에 이어 효종까지 2대의 왕을 배출한 곳이어서 용흥궁으로도 불렸다. 효종이 봉림대군이었을 때 병자호란으로 심양에 끌려갔다가 귀국 후 이곳에서 왕세자 책봉을 받았다. 서쪽에 있는 인평대군의 석양루와 빗대어 조양루로 불렸

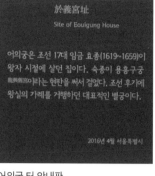

석양루 터 안내판   어의궁 터 안내판   한양도성박물관

다. 인조, 효종뿐만 아니라 현종, 숙종, 영조, 순조, 헌종 등의 역대 왕실 가례가 거행되었다.

어의궁이 자리한 효제동의 이름 유래는 두 가지 설이 있다. 첫 번째는 효자이자 형제의 우애를 지킨 효종의 덕을 기리면서 나온 이름이라고 한다. 두 번째는 위쪽에 성균관이 있고, 인접한 종로6가에 4부학당의 하나인 동부학당이 있어 유학이 성하던 곳이라는 뜻이다. 유교의 8대 덕목인 '인의예지효제충신' 중 효제를 따왔다는 것이다. 실제로 종로구에는 이 네 가지 이름의 동이 있는데, 종묘 동쪽에 자리한 인의동, 인의동 남쪽에는 예지동, 인의동 동쪽으로 효제동, 효제동 동북쪽에 있는 충신동이다.

효제초등학교를 지나 율곡로로 나오면 한양도성박물관이 보인다. 이곳에 자리했던 조선시대의 첫 역사적 공간은 한양 4부학당 중의 하나였던 동부학당이었다. 근대에 들어서 정동 이화학당에 세워졌던 전문 여성병원 보구여관의 역사가 이곳으로 이어진다. 즉, 보구여관은 고종황제가 '여성을 보호하고 구한다'는 뜻의 이름을 지었는데, 동대문 부인병원으로 이름을 바꾸어 지금의 자리로 옮겨진 것이다. 동대문 부인병원은 2008년까지 이화여대 동대문병원으로 운영되다가 이대목동병원에 통합되었다. 2014년, 그 공간에 한양도성의 역사와 문화를 담은 한양도성박물관으로 자리하고 있다.

8. 동대문종합시장, 대한민국의 패션특구

한양도성박물관 바로 남쪽, 종로6가에 조선시대의 성문 중 하나인 흥인지문이 있다. 성문은 궁궐을 비롯하여 중요한 국가 시설을 보호하기 위해 만들어진 것으로, 보통 동대문이라 불린다. 한양도성의 8개 성문 중 유일하게 옹성을 갖추고 있다. 동대문의 옹성

홍인지문

동대문종합시장의 미래유산 인증표식

은 성문을 튼튼히 지키기 위해 만든 것으로, 한쪽을 터서 사람들이 드나들 수 있도록 했다. 유학의 다섯 가지 덕목인 '인의예지신' 중의 하나인 인과, 산맥을 뜻하는 한자인 지(之)를 넣어 홍인지문이 되었으며 1963년, 보물 제1호로 지정되었다.

홍인지문의 서쪽에는 동대문종합시장이 자리하고 있다. 처음에는 동부 이현의 예지동에 세워졌다 하여 '배우개장'으로도 불렸다. 1905년 11월, 배오개 거상 박승직이 종로와 동대문 일대 상인들을 모아 동대문시장 관리를 위한 '광장주식회사'를 설립하면서 광장시장으로도 불렸다. 당시에는 미곡상, 어물상, 청과물상 등이 주를 이룬 약 90개의 점포로 이뤄져 있었고 지금은 대한민국을 대표하는 패션특구로 자리 잡았다. 2013년에 서울시 미래유산으로 지정되었다.

9. 오간수문, 조선시대의 청계천 수문

오간수문은 동대문에서 을지로6가로 가는 성벽 아래 청계천6가에 있던 조선시대의 수문이다. 한성에 성곽을 쌓으면서 청계천 물이 원활하게 흘러갈 수 있도록 아치형으로 다섯 개의 구멍을 만들었는데 이것을 홍예교라고도 하였다. 성종 12년(1481)까지만 해도 수문이 세 개였고 증축을 하면서 다섯 개의 수문으로 확장했다. 오간수 다리, 또는 오간수문이라고 불렸으며 임꺽정의 무리들이 전옥서를 부수고 도망갈 때 이 오간수문을 통해 달아났다. 일제가 청계천 물이 잘 흘러가게 한다는 명목으로 콘크리트 다리로 교체했고 그 위의 성곽이 훼손되면서 함께 없어졌다.

흥덕동천 위에 놓였던 열다섯 개 다리 중의 하나였던 초교에는 전기수라는 특별한 직업의 무대가 펼쳐졌다. 전기수란 글을 모르는 사람들이 많았던 조선 후기에 고전소설을 직업적으로 읽어주던 이야기꾼이다. 전기수는 초교에서부터 종루까지 거슬러 올라

갔다가 다시 내려오며 청중들을 몰고 다녔다. 사람이 많이 모이는 곳에 자리를 잡고 소설을 구연하였는데, 특히 흥미로운 대목에 이르면 소리를 그쳐 청중들의 애를 타게 만들었다. 이른바 요전법이었는데 청중들은 다음 대목을 듣고 싶어 다투어 돈을 던져 주었다.

이렇게 전기수의 책을 읽는 솜씨가 뛰어나서 한 전기수가 흥분한 청중에게 피살된 일도 있었는데, 조선 정조 때 실학자인 이덕무의 《청장관전서》에 기록되어 있다. 1790년, 어떤 사내가 종로의 '담배를 썰어파는 가게' 앞에서 전기수가 읽어주는 역사소설, 〈임경업전〉을 듣고 있었다. 그런데 영웅이 실의에 빠진 대목에 이르자 구경꾼 하나가 돌연 눈을 크게 뜨고 입에서 거품을 내뿜었다. 사내는 전기수의 얘기에 너무 몰입해서 담배 써는 칼로 전기수를 죽이고 말았다. 전기수에 대해 긍정적인 평가가 많은데 그중 하나는 소설의 상업화 가능성을 열었다는 것이다. 둘째, 독자들의 저변을 넓히면서 조선 후기 소설의 발달에 크게 기여하였다.

한편 전문적으로 책을 읽어주는 책비라는 여성도 있었다. 조선 후기에는 요즘처럼 서적을 대량으로 출판할 수 있는 기술이 없었기 때문에 개인은 책을 소유하기가 쉽지 않았다. 시장에서 필사본 이야기책을 빌리는 것을 세책이라 하는데, 책비들은 서너 권씩 보자기에 싸들고 예약된 양반가로 찾아갔다. 그 세책에는 우는 대목과 웃는 대목이 나오는데, 약속된 36가지 부호가 표시되었다. 우는 대목이면 소리를 죽여가며 우느냐, 목놓아 우느냐가 달랐고, 책비들은 그 부호에 따라 목청을 달리해 가며 울리고 웃겼다고 한다. 간혹 슬픈 대목에서는 치마에 얼굴을 묻고 우는 마님도 있었다.

흥덕동천길은 도성 내의 청계천에 합수하는 마지막 물길이다. 조선시대에는 배움과 지식의 열망이 담겨서 흐르는 물길이었다. 현재에는 복개되어 그 물길에 담겨있는 학문의 역사가 보이지 않지만 물길을 따라 펼쳐진 대학로의 열기는 역사의 향기를 담아 오늘날 우리에게 전해주고 있다.

오간수문   오간수교 주변 안내

9 정릉동천길, 역사의 시간을 거닐다

김은영
고양역사문화배움터 대표
ariadne02@daum.net

박연주
박선생창의역사화성지사장
happyyunju69@hanmail.net

정릉동천이란 정릉동을 흐르는 하천이다. 정릉동천은 서부 황화방 정릉동에서 발원하여 동쪽으로 흘러 군기시교(무교)를 지나 창동천(倉洞川)으로 흘러들어 청계천(淸溪川)에서 합류하던 하천이었다. 그러나 이 하천은 1908년에서 1915년 사이에 일제에 의해 복개되었다. 지하에 붉은 벽돌로 배수관을 만들어 물이 흐르게 한 후 그 위를 흙으로 덮었고, 이후 일제하 서울시 하수체계의 일부로서 기능하였다. 이 지하 배수로 시설은 2014년 지하철 1호선 시청역사 시설개선공사 도중에 발굴되어 서울특별시 문화재로 지정되었다.

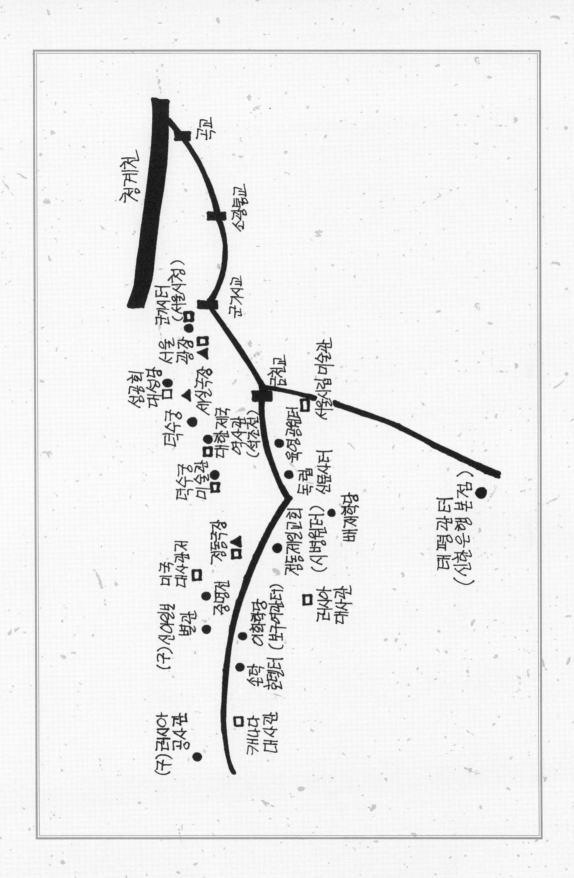

1. 정릉동천(貞陵洞川), 그 물길이 흘러가는 곳

정릉동천은 여러 가지 이름으로 불리었는데, 《준천사실》에는 황화방정릉동수(皇華坊貞陵洞水)로, 《한경지략》에는 군기시교천수(軍器寺橋川水)로, 《동국여지비고》에는 정릉동(貞陵洞)으로 되어 있다.

정릉동천(貞陵洞川)을 세부적으로 살펴보면, 한 갈래는 옛 러시아공사관 부근에서 발원하여 정동길을 따라 흘러내렸고, 다른 한 갈래는 현 신한은행 본점 부근(옛 태평관 터)에서 발원하여 세종로를 따라 흘렀다. 이 두 갈래의 물길은 덕수궁 금천에서 합류하였다.

일반적으로 궁궐 내의 명당수는 궁궐 밖의 물을 끌어들여 만들었다. 덕수궁의 경우 덕수궁 남측으로 흐르는 정릉동천의 물길을 궁궐 안으로 끌어들여 금천을 만들었고, 이 물길은 다시 궁 밖으로 흘러나가 현재의 서울광장을 가로질러 청계천으로 합류되었다. 현재 정릉동천은 물론 서울광장을 가로질러 청계천으로 흘렀던 모든 물길이 복개되어 사라졌다.

우리 역사 속 많은 인물들이 이 정릉동천길을 걸었다. 태조 이성계, 신덕왕후, 선조, 광해군, 인조, 고종, 아펜젤러, 스크랜튼, 손탁, 알렌, 언더우드, 이완용, 이승만 ……. 이 길 곳곳에 남아 있는 그들의 발자국은 역사가 되어 오늘의 우리에게 이야기를 건넨다. 정릉, 황화방, 임진왜란, 러시아공사관, 손탁호텔, 이화학당, 배재학당, 정동제일교회, 보구여관, 시병원, 중명전, 경운궁, 성공회대성당 등. 공간인 동시에 시간이 되는 이 길은 우리 역사와 만나 이야기를 나눌 수 있는 역사의 순례길이다.

2. 정동(貞洞)의 유래

정릉동천이 흐르는 동네를 정동이라고 한다. 이곳이 정동이 된 것은 태조 이성계의 계비이자 조선왕조 최초의 왕비인 신덕왕후 강씨의 정릉(貞陵)이 이곳에 있었기 때문이다. 정릉이 있는 동네라는 뜻의 정릉동이 줄어서 정동이 되었다.

한양도성 건설 당시 이 정동 일대는 구릉 지역이었는데 세종로 사거리에서 덕수궁에 이르는 언덕길에는 유난히 진흙이 많아서 황토 마루(황토현)라 불렸다. 그 언덕에서 숭례문이 바라다보이는 남쪽 자락(상공회의소 부근에서 배재학당 역사

박물관에 이르는 곳)을 황화방(皇華坊)이라 했다. 당시 정동 일대는 한성부 서부 황화방에 소속되어 있었다.

황화(皇華)란 중국 사신을 높여 부르는 말인데 황화방은 그곳에 중국 사신이 머물던 태평관(太平館)이 있었기 때문에 붙여진 이름이다. 그래서 그 앞의 도로도 태평로라 부르게 되었다. 태평관 터 표석은 태평로 신한은행 본점 후문쪽 화단에 자리하고 있다.

태종 이방원은 3대 국왕의 자리에 오른 후 철저하게 정릉을 파괴한다. 자신의 야망에 걸림돌이 되었던 계모에 대한 지

독한 복수극이다. 1409년 아버지 태조 이성계가 죽은 이듬해 신덕왕후를 후궁으로 깎아 내리고, 정릉을 사대문 바깥인 경기도 양주 사을한 땅 산기슭으로 천장해버린다. 이 양주 사을한 땅이 지금의 서울 성북구 정릉동이다. 이렇게 신덕왕후의 정릉은 성 밖으로 사라졌지만 원래 있던 자리에 '정동'이라는 지명을, 옮겨간 자리에는 '정릉동'이란 지명을 남겨 놓았다.

이 정동 일대는 근대 개화기 이후 각국 공사관을 앞세운 외교관의 공간, 선교사의 공간으로 변모한다. 근대 시기의 정동은 서양인들의 정착지인 동시에 각국 외교의 중심지, 선교활동의 근거지, 신학문의 발상지, 근대문물의 전파지가 된다.

3. (구)러시아공사관, 아관파천, 구한말 풍운의 역사가 시작되다

서대문 경향신문사 바로 뒷편에는 옛 러시아공사관의 일부가 남아 있다. 이곳은 근대 개화기에 세워진 외국 공관으로서는 유일하게 남아 있는 건물로서 국가 사적으로 관리되고 있다. 옛 공사관 건물의 일부인 3층짜리 전망탑만 간신히 남아 있으나 이곳은 결코 빠뜨릴 수 없는 근대역사 전개의 핵심 공간이다.

조선과 러시아 사이에 외교 관계가 시작된 때는 갑신정변을 전후한 시기이다. 러시아 정부는 동아시아 상황에 정통한 북경공사관 서기인 베베르를 서울로 파견하여 조러수호통상조약(1885.10.4 정식발효)을 체결한다. 이때 러시아공사관이 개설되는데, 현존하는 러시아공사관이 세워진 것은 5년 후인 1890년의 일이다. 러시아 건축가 사바틴이 설계한 러시아공사관은 지하1층, 지상1층, 3층 탑부로 이루어진 르네상스식 건물로서, 석재와 벽돌을 주로 사용하였다.

러시아공사관이 근대사의 핵심으로 부각된 이유는 아관파천(1896.2.11~1897.2.20) 때문이다. 을미사변 후 일본의 감시하에 목숨의 위협을 느끼며 살얼음판 같은 하루하루를 지내던 고종은 왕세자를 데리고 한밤중에 경복궁을 탈출, 러시아공사관으로 거처를 옮긴다. 이 아관파천은 당시 조선의 국력과 조선에서의 국제적 힘의 관계를 감안할 때 일본을 가장 효과적으로 견제할 수 있는 정치적 선택이었다. 조선의 국왕이 러시아의 공사관에서 러시아의 보호하에 거처하고 있는 상황은 세상을 순식간에 친러파의 세상으로 바꾸어 버린다.

이후 경성의정서(1896.5), 모스크바의정서(1896.6) 등의 러·일 간 협상에서 고종의 환어 문제가 논의된다. 덕수궁으로의 환궁이 결정되어 아관파천은 1년하고도 6개월 만에 막을 내렸다.

아관파천을 계기로 덕수궁의 확장이 이루어지고 곧이어 대한제국의 선포가 이어졌으니, 덕수궁을 중심으로 한 구한말 소용돌이치는 풍운의 역사는 곧 이 러시아공사관에서 비롯되었다고 할 수 있다.

한국전쟁 때 파괴된 (구) 러시아공사관. 문화재청은 2021년까지 원형을 복원할 계획이다.

2018년 문화재청은 고종의 아관파천과 관련된 '고종의 길'을 개방했다. '고종의 길'은 20m로 미대사관저와 연결된 덕수궁 돌담길부터 (구) 러시아공사관까지 이어진다.

4. 중명전, 비운의 왕실도서관 수옥헌, 을사늑약 체결 장소

덕수궁 돌담 바깥쪽에서 우리가 꼭 기억해야 할 곳이 있다. 그것은 미국대사관을 사이에 두고 덕수궁과 떨어져 있는 중명전이다. 중명전은 대한제국기의 덕수궁을 이해하는데 매우 중요한 역사적 장소이다. 수옥헌으로 불리던 시절의 중명전은 왕실도서관으로 사용되었는데, 1904년 덕수궁 대화재로 전각이 대부분 소실되자 고종황제는 수옥헌에 거처를 정하고, 덕수궁의 편전으로 사용하였다. 수옥헌은 이후 고종황제의 임시 거처로 사용되면서 당호가 중명전으로 바뀌게 된다.

중명전은 대한제국의 운명을 결정짓는 현장이었다. 1905년 11월 대한제국을 반식민지 상태로 만든 을사늑약이 체결된 곳이 중명전이었고, 1907년 7월 을사늑약의 부당성을 국제사회에 호소하기 위해 헤이그의 만국평화회의에 특사를 파견한 장소도 중명전이었다. 이 헤이그특사를 빌미로 고종황제가 일제에 의해 강제 퇴위당했으니 이곳이 고종의 마지막 집무실이었던 것이다. 중명전은 이렇듯 역사적 아픔이 고스란히 남아 있는 현장이다.

국권 피탈 후 중명전은 이왕직에 의해 서양인의 클럽으로 이용되었으며, 해방 후에는 영친왕의 부인인 이방자 여사의 소유로 되었다. 이후 개인에게 매각되었는데 개조 때문에 원형을 알아볼 수 없을 정도로 훼손되었다. 이것을 국가가 사들여 복원한 후 덕수궁 궁역에 포함시키고 사적으로 지정하였다.

을사늑약 체결 장소 중명전

5. 배재학당, 최초의 근대 사립학교

구한말 이래 정동의 역사를 새로 쓴 주역은 대부분 외국인이다. 서양의 선교사와 외교관들이 정동을 무대로 많은 일을 벌였고, 그 일들은 이 땅에 많은 영향을 끼쳤다. 우리의 지식인들이 좀 더 열린 사고와 열정을 가지고 있었더라면 주역이 될 수 있었던 135년 전의 역사는 서양인들의 손과 총으로 주도된다.

135년 전 정동의 서양인 인물 중 빼놓을 수 없는 인물들이 있다. 미국 감리교 교육선교사 아펜젤러와 메리 스크랜튼이 그들이다. 근대 한국의 교육, 종교, 의학 분야의 역사는 이들의 활약을 빼놓고는 언급하기 어렵다.

1885년의 부활절 아침, 28세의 미국 감리교 선교사 아펜젤러가 제물포항에 첫발을 내딛는다. 정동에 도착한 그는 집 한 채를 사서 방 두 칸을 헐어 교실을 만들고 2명의 학생과 첫 수업(1886.6.8)을 시작한다. 이것이 우리나라 최초의 근대적 사립학교의 시작이다. 고종은 이 학교에 '인재를 기르고 배우는 집'이라는 뜻으로 배재학당(培材學堂)이라는 편액을 내린다.

배재학당은 근대교육의 열기 속에서 김소월, 주시경, 나도향, 서재필, 지청천, 이승만 등 우리 근대사에서 빼놓을 수 없는 인물들을 배출한다. 배재학당의 피아노는 국내에 현존하는 가장 오래된 연주용 피아노로서 백건우가 연주하며 피아니스트의 꿈을 키운 것으로 유명하다.

배재학당 역사박물관
1916년에 건축한 배재학당 동관의 모습을 그대로 보존하고 있다.

배재학당의 교과목은 영어, 한문, 천문, 지리, 수학, 생리학, 성경 등 전통적인 과목은 물론 서양식 교양과목을 총망라했다. 전인교육을 근간으로 한 토론중심, 영어 중심의 교육으로 학생들은 이전에 가졌던 세계관과는 전혀 다른 새로운 세계를 접하게 되었다. 1887년에는 신학 강의도 개설되어 이것이 협성신학교로 이어지고, 후에 감리교신학대학교로 발전한다.

6. 이화학당, 한국여성 신교육의 발상지

동료선교사인 아펜젤러가 배재학당을 설립하자 메리 스크랜튼은 여성교육기관인 이화학당을 세운다. 당시 '서양선교사들이 한국 아이를 살찌워 피를 빨아 먹는다.'는 소문 때문에 학생이 없어, 메리 스크랜튼은 여자아이 단 한 명을 데리고 첫 수업을 시작한다 (1886.5.31). 6개월 후 이화학당은 교실과 숙소를 갖춘 200평 규모의 한옥 기와집 교사를 마련한다. 이듬해 학생이 7명으로 늘어나자 고종은 '배꽃같이 순결하고 아름다우며 향기로운 열매를 맺으라'는 뜻의 이화학당이라는 교명을 하사하고 편액을 내린다.

학생 수가 늘어남에 따라 한옥교사를 헐고 그 자리에 메인 홀을 필두로 심슨기념관, 프라이 홀 등의 양옥교사를 지어서 본격적인 캠퍼스의 모습을 갖춘다. 메인 홀과 프라이 홀은 전쟁과 화재로 없어지고, 지금은 심슨기념관만 남아 있다. 현재 이화여고 100주년 기념비 아래쪽 쉼터에는 3·1운동 당시 메인 홀 기숙사에 기거하던 유관순 열사가

이화여고 심슨기념관
1915년에 세워졌으나 한국전쟁 때 파괴되어 1960대에 복구되었다.
미국인 사라 심슨이 위탁한 기금으로 건립되었다.

빨래했다는 우물이 남아 있다. 유관순 (1902~1920)은 3·1운동의 상징으로 이화여고가 자랑스럽게 내세우는 인물이다.

이화학당은 전통적으로 여성교육이 전혀 없던 우리나라 여성들에게 기독교 정신에 입각한 근대교육을 실시함으로써 여성의 의식을 깨우고 다양한 사회진출을 가능케 하였다. 우리나라 최초의 여자 양의사 김점동(박에스더), 한국여성 최초의 미국 문학사로서 여성계몽운동을 펼치고 독립운동을 하다가 북경에서 독살당한 하란사 등 역사적인 인물들이 배출되었다.

7. 보구여관(保救女館), 한국 최초의 여성 전용 병원

이화학당이 고종의 편액을 받고 공식적인 발걸음을 내딛은 1887년에 메리 스크랜튼은 이화학당 구내에 한옥 건물의 여성을 위한 진료소를 개설하였다. 여기에 고종황제가 '보구여관'이라는 이름을 하사하면서 우리나라 최초의 여성 전용 병원이 탄생하게 된다. 보구여관은 여성을 대상으로 한 의학교육을 시작하고 한국 최초의 간호원양성소를 설립한 기관으로 근대 여성의료발전의 기초를 마련했다.

당시 남녀구별의 문화적 배경에서 남자 의사가 진료하는 병원에 여성이 찾아가는 일

보구여관

보구여관 터 안내판

은 쉽지 않았다. 이에 보구여관에서는 미국 감리교에서 파견된 여의사가 여성 환자들만을 진료하기 시작하였는데, 당시로서는 매우 혁신적인 사건이었다. 한국여성들이 근대 의료의 혜택을 받는데 큰 공헌을 한 보구여관은 현재 이화여대 부속병원의 모태이다.

보구여관은 한국 최초의 여의사로서 한국의료사에 큰 발자취를 남긴 김정동(박에스더) 배출의 토대가 되었다. 김점동은 이화학당의 네 번째 학생으로 보구여관에서 통역 업무를 하던 중 의사의 꿈을 품고 미국으로 건너갔다. 볼티모어여자의과대학에서 학위를 받고 돌아와 보구여관 및 평양의 광혜원에서 열정적인 의술을 펼쳤다.

8. 시병원(施病院), 시란돈의 헌신

정동에서 우리가 가장 먼저 떠올리는 서양인 선교사는 아펜젤러이다. 그러나 그보다 먼저 정동에 발을 디디고 일본에 있던 그를 정동으로 불러들여 개신교의 역사를 시작하게 한 사람이 있다. 그는 의료선교사 윌리엄 스크랜튼(한국명 시란돈)으로 이화학당을 세운 메리 스크랜튼의 아들이다.

시병원

스크랜튼 의사는 제중원에서 알렌을 도와 일하다가 자신의 집에서 가난한 사람들을 무료로 치료해 주는 일을 시작하였다. 이 병원에서 처음 치료받은 환자는 풍토병에 걸려서 서대문 성벽 아래 버려졌던 여성이었다. 스크랜튼 의사는 힘없고 가난한 환자들의 치료를 위해 헌신한다. 여기에 고종이 사액 현판을 내렸는데, 그 이름이 '시병원(施病院)'이었다.

이후 스크랜튼 의사는 안전하고 편리한 정동을 떠나 가난한 사람들이 더 많이 살고 있는 성밖으로 병원을 옮긴다. 애오개시약소(1888), 남대문시약소(1890), 동대문시약소(1892)가 스크랜튼이 정동을 떠나 열었던 무료 병원들이다. 그리고 시병원이 떠난 자리에는 한국 최초의 개신교 예배당인 지금의 정동제일교회 문화재예배당이 들어선다.

9. 정동제일교회, 3·1운동의 핵심적 역할, 정동의 랜드마크

정동제일교회

1887년 아펜젤러는 메리 스크랜튼 명의로 되어 있는 작은 초가집을 사서 벧엘예배당이라 이름짓는다. 신도가 급격하게 늘어나자 근처에 있는 더 큰 집을 사서 예배당을 옮기는데, 이것이 경성 첫 개신교 교회인 정동제일교회의 시작이다. 붉은 벽돌로 지어진 지금의 교회 건물은 1898년에 준공되었다. 이 교회는 규모는 크지 않으나 오랜 역사와 정동의 한복판에 해당하는 장소성으로 인해 정동의 랜드마크로 자리 잡게 된다.

특히 정동제일교회는 역사적인 3·1독립운동을 계획하고 수행하는 과정에서 핵심적 역할을 한다. 3·1운동의 준비과정부터 가담한 이필주 목사는 당시 33인 민족 대표로 참석해 감리교회의 대표자로 서명하였다. 유관순 열사도 이 교회에 출석하였다. 정동제일교회는 목사와 전 교인이 3·1운동에 참여했기 때문에 다른 교회들보다 더욱 가혹한 탄압을 받는다.

임시정부 임시의정원 의장을 지낸 후 만주 길림성에서 동포들을 돌보며 독립운동을 하였고, 숭실중학교 친구였던 김형직의 아들 김일성을 친자식처럼 돌봐준 것으로 유명한 손정도 목사도 이 교회의 담임 목사였다.

정동제일교회는 한국 감리교회의 모체를 넘어 지난 100여 년 동안 격랑의 민족사와 함께하며 근대화의 한 획을 그은 역사적인 장소이다.

10. 서울성공회대성당, 87민주화운동의 발상지

덕수궁 북쪽 돌담 골목길 영국대사관 오른쪽에는 로마네스크 양식으로 지은 대한성공회 서울주교좌성당이 있다. 1890년 영국 성공회 코프 신부가 이 자리에 있던 한옥에 장림성당(將臨聖堂)이라 이름 짓고 첫 미사를 집전하면서 이 성당의 역사가 시작되었다.

성공회대성당

성당건축을 시작한 지 4년이 흐른 1926년에 자금 사정으로 공사가 중단되어 미완으로 남아 있던 이 성당은 70년 만인 1996년에 완공된다. 70년 대역사(大役事)였다. 서양의 로마네스크 양식으로 지어졌으나 한국 기와 사용으로 한국적인 아름다움이 가미되어 있어 낯설지 않은 편안한 느낌을 준다.

성당 경내에 있는 양이재(養怡齋)는 이곳에서 사라진 교육기관 중에서 남은 유일한 건물이다. 이 성당은 87민주화운동의 발상지로도 큰 역할을 하였다. 경내에 '유월민주항쟁 진원지'라는 표석이 있다.

11. 정동극장, 지금 여기, 도심 속 예술 공간

정동극장

정동에는 역사만 있지 않다. 미래에는 역사로 기록될 현재가 있다. 정동이 지금 여기의 공간임을 알게 해주는 곳이 바로 정동극장이다. 한국 최초의 근대식 극장인 원각사를 복원한다는 개념으로 1995년 문을 열었다. 정동극장은 상설공연인 '전통예술무대'를 비롯해 각종 기획공연을 선보이며 정동 문화의 한 축을 담당하고 있다. 점심시간의 깜짝 이벤트인 '숲콘서트'는 정동길에서 얻을 수 있는 예기치 않은 반가운 선물이다. 그곳에서는 한옥의 앞마당을 건물 안에 구현한 실내 공간도 만날 수 있다.

12. 군기시(軍器寺), 조선 국방체제 강화의 핵심관청, 정릉동천의 흔적

　군기시는 고려-조선시대에 무기를 제조하고 보관하던 관청이다. 고려 목종 때 설치된 군기감이 공민왕 때 군기시로 개칭되었고, 조선시대로 이어져 중앙무기 제조소로서의 역할을 하였다. 이후 근대적인 무기 제조 관청인 기기국이 설치되면서 폐지(고종 21년,1884)되었다. 군기시에 근무하는 기술자(장인)만 600여 명이며, 무기제조 기술도 수준급이었다는 《경국대전》의 기록만으로도 당시 군기시의 규모를 추측해볼 수 있다. 군기시유적전시실이 있는 서울시청뿐만 아니라 시청 뒤쪽의 서울신문사(프레스센터)도 군기시 터에 해당된다.

　이 군기시 터는 2008년 서울시 신청사 부지조성 공사 중 자기, 동전, 기와 등의 유물과 총통, 철환 등의 무기류가 출토되면서 모습을 드러냈다. 옛지도 확인 결과 서울시 신청사 인근에 조선시대 무기 제조를 담당하던 군기시가 있었던 것으로 확인되었다. 서울시는 발굴된 터와 유물들을 그대로 보존하기로 하고 그 자리에 '군기시유적전시실'을 조성하여 시민들에게 역사체험의 기회를 제공하고 있다. 여기에는 조선시대 군기시 및 근대 건물지 유구 45기, 조선시대 화포인 불랑기자포 등 590여 점의 군기시 관련 유물, 호안석축 유구 등을 발굴현장 그대로 복원하여 전시하고 있다.

　군기시유적에서 정릉동천과 관련하여 주목할만한 것은 호안석축(護岸石築)이다. 호안석축은 하천의 벽이 무너지는 것을 막기 위해 돌로 쌓은 축대를 말하는데, 군기시 내

군기시 내부 정릉동천의 호안석축

군기시 표지석

부의 이 호안석축이 바로 정릉동천의 호안석축이다. 이 글의 서두에서 언급한 바와 같이 정릉동천은 서부 황화방 정릉동에서 발원하여 덕수궁에서 천(川)을 형성한 후 궁 밖으로 나와 대한문 앞 서울광장 및 서울시청을 거쳐 청계천으로 합류하는 하천이었음을 알 수 있다.

• 정릉동천길의 미래유산

세실극장

도로원표

영국대사관저

중화기독교 한성교회

10 남산동천길,
소나무가 내어준 길에 문화, 예술, 민주주의가 꽃피다
숭의여대(경성신사 터)에서 시작하여 청계천, 장통교(조선광문회)까지

최승은
namu201364@gmail.com
한국사 지도강사

최은례
eunryechoi@hanmail.net
문화유산전문해설사

남산동천(南山洞川)은 남산동과 명례방에서 발원하여 북쪽으로 흐르다가 회현동천을 만나 장통교 부근에서 청계천으로 합류하던 물길로, 현재는 복개되었다. 이 물길에 있던 세 개의 다리 중에서 동현교와 곡교는 사라지고, 장통교는 청계천을 복개할 때 없어졌는데, 2003년 7월부터 추진된 청계천복원사업으로 2005년 새롭게 건설되었다.

남산동천을 오늘의 지명과 위치를 바탕으로 다시 그려보면, 남산 숭의여자대학교 뒤편에서 발원하여 부엉바위길, 지하철 4호선 명동역 7번 출구 화영빌딩 옆 골목인 명동길을 따라 흐르다가 현재 하나은행 명동금융센터 중앙길로 이어져 삼각동 부근에서 회현동천과 만나 청계천으로 합수되는 물길이다. 준천사설에는 명례동하류(明禮洞下流)로, 《한경지략》에는 남산동천수(南山洞川水)로, 《동국여지비고》에는 명례동(明禮洞)으로 기록되어 있다.

조선시대에는 물길을 따라 사람들이 모여 살아 남산 주변은 대표적인 주택가를 이루어 벼슬이 높지 않은 양반들과 군인 계층이 모여 살았다. 100여 년 전부터 일제강점기, 6·25 한국전쟁, 산업화 과정을 거치면서 물길이 시멘트에 묻히거나 변형되었으나 이 길과 함께한 사람들의 역사는 여러 가지 형태로 곳곳에 남아있다. 조선시대의 관청 터에서 만나는 옛사람들의 이야기, 개화기와 일제강점기의 암담한 폭압 속에서 나라를 되찾고자 격렬하게 살아간 사람들의 이야기, 그리고 서울의 중심 명동에서 수많은 만남을 이루었을 문화 예술인들의 흔적, 1970~80년대 군사 정권하에서 민주주의를 꽃핀 장소들이 있다.

남산 소나무가 내어준 이 길은 이제 잘못된 과거를 되풀이하지 않기 위해 기억하는 길, 이 길 위에서 꽃피운 문화와 예술, 민주주의를 기억하는 모두의 길이 되고 있다.

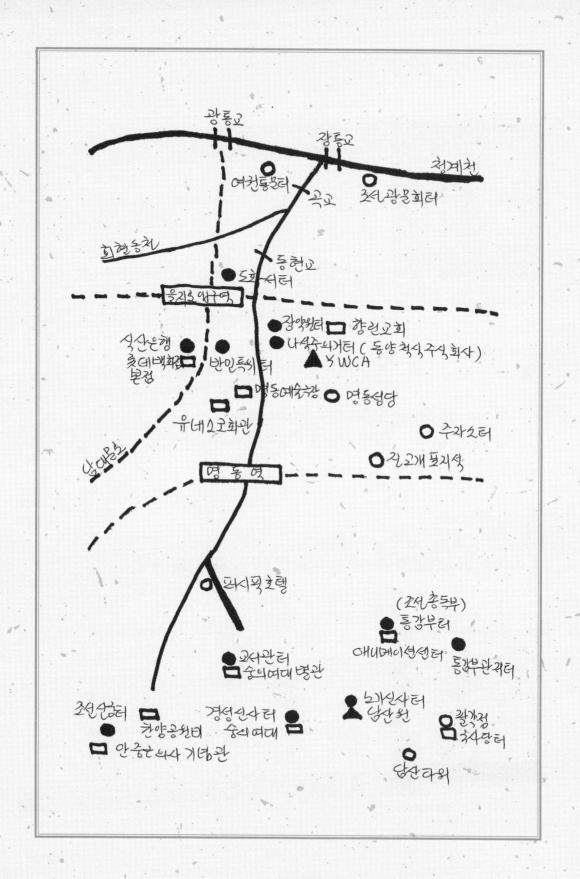

1. 교서관, 국가와 왕실이 관리하고 운영했던 중앙의 출판 기관!

교서관 터 안내판. 현재는 숭의여자대학 제1별관 정문 오른쪽에 안내판만 남아 있다.

교서관은 교서감 또는 운각외곽이라 불리었으며 1392년 태조 1년에 경적의 인쇄와 제사에 쓰이는 향과 축문 도장들을 관장하기 위해 설치되었다. 1403년(태종) 설치된 주자소와 더불어 국가와 왕실이 관리하고 운영했던 중앙의 출판 기관이다. 금속활자를 주조하고, 서적의 인쇄와 반포와 관련된 일은 주자소에서 거의 전담했다면, 교서관은 국가에서 서적을 출판할 때 판본이 될 만한 서적을 선정하고 이를 목판이나 활자로 인쇄할 때 교정 작업을 담당하였다.

조선은 개국이념이 유교와 숭문이었다. 학문이 발달하고 서적을 중히 여기는 덕에 서적의 수요가 꾸준하였다. 그러나 서적 출판에 따른 막대한 비용 때문에 원하는 책을 구하는것은 쉽지 않았다. 이런 상황에서 서적 출판인쇄문화는 유교장려 사상과 함께 국가 독점사업이었다. 교서관은 예문관 성균관과 더불어 조선시대의 3관이라 불리며 정신문화를 장려하는 대표기관으로 불린다.

2. 장악원, 예(禮)의 조화를 이루는 악(樂), 조선시대의 국립국악원!

장악원 터 표지석. 현재는 터의 표지석만 있으며 2호선 을지로입구역 5번 출구 하나은행 명동지점 앞에 표지석만 남아 있다.

조선시대 궁중에서 연주하는 음악과 무용에 관한 일을 담당한 관청이다. 조선 건국 후 궁중의 음악 활동은 고려의 전통을 이은 전악서, 아악서, 관습도감과 조선 초 새로 설치된 악학에서 담당하다가 여러 번의 개편을 거쳐 1466년 장악서로 일원화 되고 이후 장악원으로 개칭하였다.

조선의 악(樂)은 예(禮)와 함께 의례의 핵심이었다. 종묘사직의 제사의례, 정월 초하루의 의례, 왕실의 각종 행사, 외국 사신을 위한 연회 등 다양한 의례를 담당하였다. 궁중의 의식 행사 시 음악과 무용은 장악원 소속 악공, 악생, 관현맹, 여악, 무동들에 의해 연주되어졌다. 악공은 국빈을 대접하는 연향에 향악과 당악을 연주하였고 악생은 제례의식의 아악을 연주하였으며 내연의 행사 시엔 악공과 관현맹이 음악을 연주하고 무동과 여기가 정재를 추었다.

장악원의 관사는 성종의 명으로 태상시 동쪽 민가를 철거하고 세워졌고 한성부 서부 소속 여경부에 있었다. 임진왜란 때 불타 선조 말기 새로운 청사가 건립되었고 1951년 국립국악원이 설립되면서 계승되고 있다.

3. 도화서, 그림, 왕실의 권위를 높이고 국가통치를 견고하게 하다!

도화서 터 표지석. 현재는 지하철 2호선 을지로입구역 4번 출구 옆에 표지석만 남아 있다.

조선시대에 궁중이나 정부가 필요로 하는 그림을 만들거나 화원의 교육을 담당하던 관청이다. 도화서는 예조에 소속된 기관으로, 조선 초기에서 17세기 중반까지는 현재 종로구 견지동과 공평동 부근인 한양 중부의 견평방에 운영되다가 혼란 시기를 거쳐 18세기 초에 지금의 을지로 입구 수하동 부근의 남부 태평방에 위치했다. 이곳에서 숙종과 영조, 정조의 후원 속에 업무가 증가하며 조선 후기에 그 임무가 더욱 커졌다. 1783년(정조 7)에는 왕실과 관련된 서사 및 도화 활동을 담당하기 위하여 도화서에서 임시로 차출되는 '자비대령화원' 제도를 규장각의 잡직으로 제도화하여 공식적으로 운영 하였다. 즉 화원제도가 도화서와 궐안 규장각 자비대령화원으로 이원적인 체제로 운영된 것이다. 조선 후기의 김홍도, 김득신, 이인문, 이명기 등 대표적인 화원 화가들이 모두 자비대령화원으로 활발하게 활동하였다. 도화서는 1894년 갑오개혁에 따른 근대식 관제 개편으로 인해 예조에서 궁내부 규장각으로 변경되고, 1910년 이후 중앙 정부의 직계 속에서 공식적으로 사라졌다.

조선시대에 도화서에서 그려지는 그림들은 왕실의 권위를 높이고 국왕의 통치를 견고하게 하는 방법의 하나였다. 국가에서 필요로 하는 그림은 도(圖)와 화(畵)로 나누었다. 도(圖)는 국가의례를 그림으로 남기는 것이고 국왕이나 공신들의 초상화제작, 행사에 필요한 병풍, 궁중 행사의 장면을 기록하고 시가행진을 그린 의궤의 반차도를 그리고 왕이 보는 어람용 전적에 칸을 치는 인찰 등 다양한 일을 하였다.

화(畵)는 왕의 어진, 인물화, 산수화 등을 말하는데 현재는 태조 이성계 어진이 전라
북도 전주 경기전에 남아 있으며 세조의 어진, 영조 어진, 철종 어진, 고종 어진은 국립
고궁박물관에 소장되어 있다.

도화서 출신 화가로는 〈단원풍속도첩〉을 그린 천재 화가 김홍도와 미인도의 신윤복
과 김득신이 있다. 김홍도의 군선도병. 신윤복의 〈혜원풍속도〉는 국보로 지정되어졌다.

4. 조선광문회
- 무단통치시대에 나라 잃은 지식인의 사랑방, 3·1 기미독립선언서를 기초하다!

1910년 조선총독부의 조선 역사 연구에 대응하여 우리나라의 고전을 수집, 간행, 보급
함으로써 우리 역사와 전통의 우수성을 알리기 위해 설립된 단체이다. 일본은 조선을 강
점한 뒤 해마다 조선의 귀한 서적과 국보급의 문화재를 일본으로 반출하였다. 이에 최남
선, 박은식, 장지연 등이 중심이 되어 우리 고전의 보존 및 전통을 계승하고자 《동국통
감》, 《동사강목》, 《삼국사기》, 《삼국유사》, 《발해고》 같은 역사류, 《택리지》 같은 지리류,
《동국세시기》 같은 풍토류, 《성호사설》, 《용비어천가》, 《경세유표》, 《열하일기》 같은 고전,
《이충무공전서》 등 전집류를 간행하는 데 힘썼다. 이외에 주시경, 권덕규, 이규영 등은 국
내 최초 국어사전을 편찬하려다 완성하지 못했으며 이후 원고가 조선어학연구회로 넘어
갔다. 이런 활동들을 바탕으로 1918년 말 최남선, 최린, 송진우 등이 거국적인 독립운동을

조선광문회 터 표지석.
지금 현재는 조선광문회 터는 표지석으로 남아 있으며
서울시 중구 삼각동 청계천 한빛광장 내에 있다.

동고 이준경 집터(김성수 가옥)

구상하고 3·1운동의 〈기미독립선언서〉를 기초하고 조판한 곳이 조선광문회 사무실이다.

조선광문회의 이와 같은 역할에도 현대 역사에서 그동안 주목받지 못한 이유는 1928년 최남선이 식민사관을 바탕으로 한국사를 연구한 조선사 편수회의 위원이 된 이후 적극적인 친일활동을 했기 때문이다. 그러나 현재는 최남선의 행적에 대해서 공과 과를 함께 논할 수 있는 시대이다. 1910년대 암울한 일제 강점기 속에서 국내 민족사학자들과 애국지사들의 사랑방이었던 광문회 활동은 조선광문회 복원사업을 통해 재조명되고 있다.

5. 남산의 신사와 신궁, 경성신사, 조선신궁, 노기신사
- 조선인을 천황의 신민으로 개조하려 하다!

남산 일대는 1885년 일본인의 서울 성내 거주가 허용되고 일본공사관이 남산 기슭에 들어서면서 일본인 거류 지역으로 바뀌어 갔다. 이와 함께 식민지 지배를 상징하는 조선통감부(후에 조선총독부) 등 각종 시설물과 일본인들을 위한 편의시설이 들어서고, 남산에는 종교시설인 신사와 신궁이 들어섰다.

신사(神社)는 일본의 고유 민족 신앙으로 선조나 자연을 숭배하는 토착신앙인 신도(神道)의 사당을 말하는데, 일본인 사회의 정신적 통합의 중심이 되었다. 뿐만 아니라 조선인들에게 강제로 신사참배를 강요하며 식민지 지배의 중요한 상징과 수단이 되었다. 그러나 현재는 그 흔적을 찾기 쉽지 않다. 해방 이후 조선신궁은 일본인 스스로 해체하고 다른 신사들은 사람들에 의해 파괴되었는데, 해방 직후 각지의 신사 파괴 건수가 행정관청에 대한 습격보다 많았음을 볼 때 신사가 일본제국주의의 상징이었음을 알 수 있다.

남산대신궁-경성신사
(현 숭의여자대학교)

조선신궁
(현 안중근기념관 부근)

노기신사
(현 사회복지 법인 남산원 내)

1) 경성신사(현 숭의여자대학교)
- 숭의정신이 일본 제신(祭神)을 누르다!

1916년, 남산대신궁(1898)을 경성신사로 바꾸고 현 숭의여대 위치에 경성신사가 세워졌다. 주신은 일본인의 조상이라는 아마테라스 오미카미(天照大神)와 일본 국토를 개척한 세 신을 모셨다. 경성신사는 단순히 일본인의 종교적 공간에 머문 것이 아니라 한반도의 중심인 서울을 일제가 통치하고 있다는 상징과도 같았다.

이곳에는 현재 숭의여자대학교가 있다. 숭의학교는 일제강점기에 평양에서 개교하였으나, 신사참배 거부로 강제 폐교 당했다가 1953년 이곳 경성신사 터를 재공 받아 재개교하였다. 신사 참배로 폐교한 학교가 신사 터를 밟고 세워진 것이다.

2) 조선신궁(현 안중근 의사 기념관)
- 식민지 지배의 상징인 조선신궁을 허물고 안중근의사기념관이 세워지다!

조선총독부는 1925년 10월, 남산에 있던 국사당(현 팔각정 위치)을 인왕산으로 이전한 후 국가의 안녕을 위해 제사를 지내던 사당을 없애버리고, 일본의 건국 신과 천황을 숭배하는 공간인 조선신궁을 세웠다. 이후 1930년대 만주사변과 1937년 중일전쟁을 거치고 1941년 태평양전쟁이 발발하면서 일본인들은 물론 조선인들을 대상으로 신사참배의 강요가 더욱 심해지고 이에 대한 반감도 극심해졌다.

조선신궁은 일제 폐망 직후 일본인들에 의해 해체 철거되었고 본전은 소각되었다. 해방 후 1956년 이승만 대통령의 동상이 건립되었다가 4·19혁명 때 철거되었다. 1970년 10월 26일 당시 박정희 대통령의 지시와 국민의 성금 등으로 조선신궁이 있던 자리에 안중근의사기념관을 건립 개관하게 되었으며, 이후 2004년 (사)안중근의사숭모회와 광복회의 요청을 받은 노무현 대통령의 지시로 국가보훈처에서는 2010년 10월 26일 새 기념관을 개관하였다.

3) 노기신사(乃木神社)(현 남산원 내)
- 일제의 군신 노기를 내세워 대륙 침략에 동참시키려 하다.

1934년에는 남산(현 남산원)에 노기신사가 세워졌다. 노기 마레스케(乃木希典)는 조선을 식민지로 만드는 기점이 된 러일전쟁 당시 일본 육군 장군이었다. 1912년 메이지 천황이 죽자 부인과 함께 자결했고, 이후 노기를 군신으로 추앙하는 신사가 일본 각지에 세워졌다. 만주사변(1931) 이후 일제의 대륙 침략이 점점 더 노골화되고 있던 시점에 노기신사를 한반도 남산에도 건립했는데, 이는 노기의 충성스러운 죽음을 내세워 조선인도 천황과 일본제국을 위해 동참시키려는 의도였다.

6. 나석주 의사 의거 터(동양척식주식회사 / 조선식산은행)
- 민족분열 식민지 문화정치시대에 횃불을 들어 민족혼을 깨우다!

1926년 12월 28일 오후 의열단 나석주 의사는 조선식산은행(현 롯데백화점 본점)에 들어가 폭탄 한 개를 던지고 큰길 건너편 동양척식주식회사 경성지점(현재 하나은행 명동지점)으로 달려가 총격과 함께 또 폭탄 한 개를 던졌다. 그러나 폭탄은 모두 불발에 그치고 말았다.

나석주 의사 동상. 서울 중구 을지로 66(하나은행 명동지점)에 있다.

이후 출동한 경찰대와 기마대의 추격을 받자 '나는 조국의 자유를 위해 투쟁했다. 2천만 민중아, 분투하여 쉬지 말라!' 외치고 권총으로 자결하였다. 나석주 의사 의거는 일제의 대표적인 경제 수탈기관인 동양척식주식회사와 식산은행을 공격하며 민족혼을 일깨운 의거였다.

7. 반민특위 터
- 친일잔재청산하고 민족의 정기를 되세우는 기회인가? 국론의 분열인가?

1948년 8월 15일 대한민국 단독정부가 수립되고, 9월 22일 '반민족 행위 특별조사 위원회'(이하 반민특위)가 공포되었다. 반민특위는 일제강점기에 자행된 친일파의 반민족 행위를 처벌하기 위해 제헌국회에 설치되었던 특별기구이다.

1949년 1월부터 온 국민의 관심과 성원을 받으며 4개월 동안 300여 명을 반민족 행위

체포되는 친일 부역자. 사진은 김연수와 최린

반민특위 터 표지석. 1999년에 민족문제연구소가
KB국민은행 옛 명동 본점 위치에 세웠다. 이 건물은
2017년 매각되어 공사 중이어서, 표지석은 현재 식민
지역사박물관에 임시 보관되어 있다

자를 체포하였다. 화신백화점 사장 박흥식, 일본 관동군 첩자 노릇을 한 〈대한일보〉 사
장 이종형, 2·8독립선언서를 쓴 춘원 이광수, 3·1독립선언서를 쓴 육당 최남선, 민족대표
33인이자 〈매일신보〉 사장을 지낸 최린, 중추원 부의장 박중양, 이토 히로부미의 양녀
배정자를 비롯해 수도경찰청(서울경찰청) 수사국장 노덕술, 중부서장 박경림 등 친일 경찰
간부를 체포하는 성과를 거뒀다.

그러나 이승만 정권을 도와 남한 단독정부 건국 과정에서 반공을 내세우며 치안 유
지를 해온 친일 세력들은 반민특위의 활동에 위협을 느끼고 강력한 반발을 했다. 이승
만 정권 또한 이들의 도움이 절실한 도움이 필요했으므로 반민특위에 대하여 부정적인
입장을 지속적으로 내세웠다. 이 과정에서 1949년 4월 국회프락치사건, 6월 6일 경찰이
반민특위 사무실 습격사건, 6월 26일에는 김구가 피격되는 상황에 이르게 된다. 결국
1949년 8월, '반민특위 해체안'이 국회를 통과하면서 반민특위는 성과 없이 해산되어 반
민족 반역자에 대한 처벌은 불가능하게 되었다.

당시 친일세력은 대부분 반민특위 활동의 처벌을 인정하지 않았다. 그들의 주장은 다
음과 같다. 자신들은 해방 후 치안 유지에 기여했으며, 일제에 협력했으나 어쩔 수 없었
던 것이고, 모두 크고 작은 친일파로서 특위로울 사람은 아무도 없다는 것
이다. 그리고 이러한 주장은 현재 진행형이다. 해방 후 반민특위 활동에 대한 평가는 과
거의 문제를 넘어 현재를 바로 세우는 일이다.

8. 국치의 길

- 현장을 보전하고 기억하다. 기억하지 않는 역사는 되풀이된다.

국치의 길 : 1910년 한일 병탄조약이 체결된 조선통감 관저 터에서 시작돼 'ㄱ'자 모양의 로고를 따라 조선신궁 터까지 이어지는 1.7km로 남산에 숨어 있던 일제강점기 역사 현장을 따라 걷는 길이다. 역사의 현장을 보존하고 치욕의 역사를 기억하기 위해 조성되었다.

통감 관저 터(일본군 '위안부' 기억의 터)	통감부 터(조선총독부 터)/김익상 의거 터	갑오역기념비 터/청일전쟁 승전 기념

노기신사/경성신사 터 (현 남산원/숭의여대)	한양공원 비석	조선신궁 터(안중근기념관)

9. 항거하여 민주주의를 꽃피우다

명동성당	향린교회	김익상 의거 터	이재명 의거 터
1970~1980년대 군사 정권 시기, 민주화 투쟁의 중심. 1987년 민주화운동도 명동성당을 중심으로 번져 나갔다.	1987년 5. 27일 '민주헌법쟁취국민운동본부' 발기인 대회가 이루어진 곳. 이 조직은 6월 항쟁의 중심적 역할을 했다.	1921년 9월 12일 의열단 김익상은 대낮에 남산 중턱 총독부 청사에 들어가 폭탄을 던져 일제에 충격을 주었다.	1909년 벨기에 황제의 추도식을 마치고 나오는 이완용에게 상해를 입히고 이듬해 서대문형무소에서 순국하였다.

10. 재미로

    4호선 명동역 3번 출구에서 서울애니메이션센터까지 450여 미터의 언덕으로 만화처럼 즐길 것이 가득한 거리가 이어진다. 2013년 서울시와 서울산업통상진흥원이 함께 만화의 거리를 조성해서 한국만화의 역사를 한눈에 볼 수 있다. 옛 통감부 터에 있던 서울애니메이션센터(서울특별시 중구 소파로 126)는 재건축 중으로 2019년 현재는 명동역 4번 출구 회현 사거리 남산 센트럴타워 1, 2층을 임시로 사용하고 있다.

11. 미래유산

YWCA	유네스코회관

계몽, 여성, 환경, 복지, 평화운동 등을 펼쳐온 한국의 기독교 여성단체. YWCA위장결혼식 사건과 민주헌법쟁취 국민운동본부가 결성되었던 장소.	1966년 지어진 명동의 문화적 랜드마크. 1960년대 건축 구조사의 위상을 보여주는 건축가 배기형의 작품.
남산원 강당과 본관	**명동예술극장**

한국전쟁 중 순국한 군경유자녀들의 보호를 목적으로 설립된 아동보육시설.	1934년에 지어진 건물. 해방 이후 국제극장, 서울시 공관, 국립극장 등으로 사용 공연예술의 문화적 상징 장소.

11 필동천길, 이순신의 고향에서 영화를 만나다!

이옥희
서울 중구 문화관광해설사
moriwha@hanmail.net

정현옥
문화유산전문해설사
hufsogi@naver.com

필동천은 남산 아래 필동과 암이문동 두 곳에서 발원하여 효경교 서쪽에서 개천 본류와 합류한다. 현재의 지명으로 보면 남산 중턱에서 시작하여 남산골 한옥마을-충무로(대한극장, 명보극장)-이순신 생가터를 거쳐 대림상가 서편을 따라 흐르다가 세운교 아래 청계천과 만나는 것이다. 또 필동천의 동쪽으로는 작은 물줄기인 생민동천(生民洞川)이 있었는데 '한국의 집' 부근에서 발원하여 충무로역-명보극장을 지나 건천동-산림동-대명금속 부근에서 필동천 본류를 만나 청계천으로 흐른다.

〈도성대지도〉나 〈한양도성도〉에는 필동천에 6개의 다리가 표시되어 있으나 명칭과 위치가 확실한 것은 필동교 1개이며, 필동교 위쪽에 다리가 표시되어 있고, 다리 위쪽은 성석교상계 아래쪽은 성석교하계라고 표시되어 석교임을 알 수 있다.

《서울600년사》에는 이 다리가 남학당 입구로 추정하고 있다.

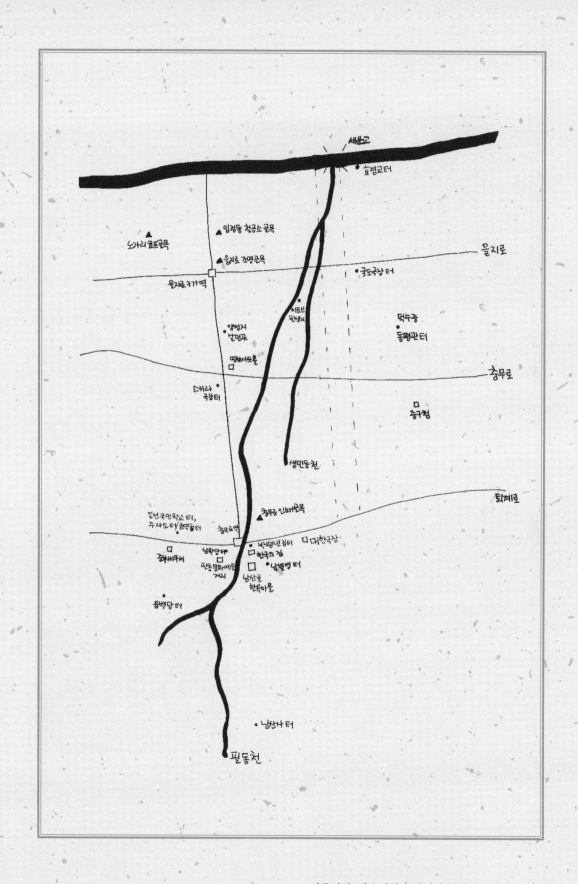

세운교

효경교터

청계천

노가리호프골목

인정동 청공소 골목

을지로 조명골목

을지로3가역   을지로

궁도극장 터

이또반
당방집

덕수궁
동평관터

양성지
살던곳

대한아동홀

스카라
극장터   충무로

중구청

생민동천

퇴계로

인현국민학교 터,   충무로 인쇄골목
주사소터,현악터
                        충무로역
                        백팔년김터   대한극장
한화생명   한국의 집
               판동문화-따뜻   남영병 터
               거리
               남산골
음백당 터   한옥마을

중부세무서

남산사 터

필동천

1. 남산골 한옥마을

남산골 한옥마을 물길

남산골 한옥마을은 조선시대 청학이 노닐었다 하여 청학동(靑鶴洞)이라 불렸고, 산골짜기로 맑은 물이 흘러 피서 겸 놀이터로 이름이 높았다고 한다. 지금도 한옥과 정원이 어우러지고 국악당 옆쪽으로 시원하게 물이 흐르는 것을 볼 수 있다. 하지만 지금과 같은 한옥이 자리 잡은 것은 1990년대 남산 제 모습찾기 사업이 시행되면서이다.

필동 일대 남산골에는 남인·소론 등 권력에서 빗겨난 이들과 과거 재수생들이 많이 모여 살았다. 비록 실권에서는 밀려나 가난하지만 선비 정신을 꼬장꼬장하게 지키며 살았던 이들을 '남산골 샌님'이라고 불렀다. 또 남산골 샌님들은 비가 오면 흙이 질어지는 필동과 진고개 일대를 나막신을 신고 다녔는데 마른날에도 딸깍 소리가 울렸다고 하여 '딸각발이'라고도 불렸다. 이희승 선생은 수필 〈딸깍발이〉에서 남산골 선비들의 모습을 표현했다. 국악당 근처에는 일석 이희승 선생의 추모비를 볼 수 있다.

이희승 학덕 추모비

또 이곳에는 남별영이 있었다고 한다. 남별영은 금위영의 분영(分營)으로 군사 주둔지였다. 금위영은 훈련도감, 어영청 등과 함께 궁성의 금위(禁衛)는 물론 서울 수비를 위한 군영으로 경기 이남 수비병의 본영이었다. 그래서인

수도방위사령부 터 표지석

지 이곳은 군사시설과 관련 깊은 곳이다. 항일시대에는 의병과 애국지사들을 탄압하던 조선헌병대사령부 터였고, 해방 후 1949년부터는 수도경비사령부(1984년에는 수도방위사령

부로 개칭)가 있었다. 1991년에 수도방위사령부가 남태령으로 이사를 하며 서울시는 '남산 제 모습 찾기 사업'의 일환으로 이 땅을 인수하였다. 그리고 전통정원조성과 서울 각처의 한옥을 옮겨와 남산골 한옥마을을 조성한 것이다. 1998년 4월 문을 연 한옥마을은 전체 대지면적 8만여 ㎡로 전통정원, 타임캡슐광장, 5개 동의 한옥촌으로 이루어져 있다.

2. 남학당 터

남학당 터 안내판

남학당(南學堂)은 조선시대 한성에 설치된 사학(四學)의 하나이다. 고려시대 학당제도를 계승하여 한성에는 동부·서부·남부·북부·중부의 각부마다 학당이 하나씩 있었는데 이를 5부 학당이라 불렀다. 그러던 것이 1445년(세종27년)에 북부학당이 폐지되면서 4부 학당이라 불리게 된 것이다.

4부 학당은 독립적인 학교라기보다 성균관에 예속된 부속학교로 성균관에 들어가기 위한 일종의 예비학교의 성격을 가졌다. 4부 학당은 초기에는 사찰을 빌려 사용하기도 하였는데, 1411년(태종11년)에 예조참의 허조(許稠, 1369~1439)의 건의에 따라 남학당이 먼저 자체 건물을 사용하는 기관이 되었다.

남학당은 고종 31년(1894)까지 남아 있었고, 항일시대에는 남학당 터에서 깨진 기와조각이나 주춧돌을 발견할 수 있었다고 한다. 하지만 1939년 '소화통(昭和通)'('퇴계로'의 전신)이 생기며 일대가 정비되었고, 6·25 한국전쟁 중에 충무로·명동 일대의 폭격으로 폐허가

필동문화예술거리

필동 스트리트뮤지엄

되었다. 게다가 1952년 '퇴계로' 확장으로 정확한 남학당 터는 찾기 어렵다. 단지 옛 지도를 바탕으로 볼 때 지금의 서울특별시 중구 퇴계로188 일대에 남학당이 있었던 것으로 본다.

조선시대 학생들이 공부하며 젊음이 넘치던 거리는 현재 필동문화예술거리로 거듭나고 있다. 스트리트뮤지엄과 공연, 문화예술의 복합문화공간들이 속속 자리 잡고 있어 인생샷을 남기고 싶은 사람들, 젊은 예술의 기운을 느끼고 싶은 사람들은 한번쯤 거쳐 갈 곳이다.

3. 한국의 집과 박팽년 집터

경복궁 자경전 돌담 문양을 본 사람은 '한국의 집' 벽면을 보고 반가움을 느낄 것이다. 이곳은 1981년에 중요무형문화재 대목장 신응수가 경복궁의 자경전을 본떠서 건축했다. '한국의 집'이 있던 곳은 박팽년의 사저가 있던 곳이기도 하다. 또 일제시대에는 조선총독부 정무총감관저가 있었고, 대한민국 정부수립 후에는 영빈관으로 사용되기도 했다. 현재에는 전통 가옥과 궁중음식, 전통 공연 및 혼례, 전통 문화상품 등 한국의 아름다움을 체험할 수 있는 전통문화 체험공간으로 사용되고 있다.

박팽년 집터 표지석

한국의 집 앞에서는 박팽년의 집터 표지석을 볼 수 있다. 박팽년은 조선 초 집현

한국의 집(사진 출처 : 한국의 집 홈페이지)

전 학자로 세종의 총애를 받았고, 세조가 즉위하자 단종 복위거사를 추진하다가 형장의 이슬로 사라진 사육신의 한 사람이다. 《동국여지비고》에 보면 "박팽년의 집이 낙선방 생민동에 있는데 반송(盤松) 한 그루가 있어서 '육신송(六臣松)'이라 했으나 지금은 고사(枯死)되었다."고 기록되어 있다.

4. 양성지 살던 곳

양성지(梁誠之, 1415~1482)는 조선 전기의 문신이자 학자로 역사와 지리에 해박하여 평생을 서적 편찬과 간행에 노력한 인물이다. 《고려사(高麗史)》 개찬(改撰)과 《세조실록(世祖實錄)》, 《예종실록(睿宗實錄)》 등의 편찬에도 참여하였으며 1481년(성종 12)에는 《동국여지승람(東國輿地勝覽)》 편찬에 참여하였다. 양성지는 세조가 제갈량이라고 부를 정도로 총애한 인물이었으며, 조선 후기 개혁군주인 정조(正祖)의 정신적 스승이기도 하였다.

양성지 살던 곳 표지석

5. 이순신 생가터

명보아트홀 앞에는 이순신 생가터라는 표지석이 있다. 이 동네가 충무공 탄생지이기 때문이다. 표석만 본다면 명보아트홀이 생가터라고 생각하겠지만 고증된 이순신 생가터는 좀 더 아래로 내려가야 한다. 이곳에 표지석이 설치된 것은 1985년에 서울특별시에서 많은 사람들이 통행하는 곳에 충무공 탄생지 표석(標石) 설치하기로 결정한 원칙에 따른 것이다.

명보아트홀 앞 충무공
이순신 생가터 표지석

《이충무공전서(李忠武公全書)》에 보면 충무공 이순신은 조선 초 인종 1년(1545) 4월 28일(음 3월 8일)에 한성부 남부 마른내골[乾川洞]에서 태어났다고 하였다. 마른내골은 인현동 1가 40번지 부근의 마을이다. 현재 마른내는 모두 복개되어 보이지는

신도빌딩

않지만, 도로명 주소에도 인근을 마른내길로 표기하고 있다. 마른내를 한자로 하면 건천(乾川)인데 비가 오지 않는 날은 바닥이 말라붙어서 도로로 사용되지만 조금이라도 비가 내리면 금세 냇가로 변했기 때문이다.

그렇다면 이순신 생가터는 어디일까? 속칭 '충무로 인쇄골목'이라 하여 규모가 작은 인쇄소·스티커·금박·지업사 외에 식당들이 밀집되어 있는 곳인데 명보극장 방향으로 80여 미터 정도 가다가 삼풍상가로 나가는 인현1길 모퉁이에 4층의 신도빌딩(중구 인현동 1가 31번지 1호, 2호)이 세워져 있다. 이 자리가 바로 충무공이 태어난 곳이다. 2017년 4월 28일 충무공 탄생일에 한국홍보전문가 서경덕 교수가 설치한 안내판을 볼 수 있다.

충무공 이순신 생가터 안내문

6. 충무공과 충무로

충무로 지하철역에 들어서면 이곳이 영화의 메카 충무로라는 것을 각인시켜 주는 배우 안성기의 목소리를 들을 수 있다. 지금은 대부분 영화사들이 강남권으로 이주했지만 충무로는 극장과 영화사, 영화 홍보물을 인쇄해주는 인쇄소, 프로필 사진을 찍어주는 사진관, 만남의 장소였던 다방 등 영화와 관련된 일을 업으로 삼는 사람들로 번창했던 거리였다. 그래서 충무로하면 영화를 떠올리듯 여전히 영화와 충무로는 동일시되는 단어로 여겨지고 있다.

'충무로'라는 지명에는 충무공 이순신을 떠올리는 '충무'가 들어가 있다. 일제강점기에는 '혼마치(本町)'로 불렸던 이 지역은 광복 이후 1946년 10월 1일 일제식 명칭을 개정할 당시 인근 건천동에서 태어난 충무공 이순신 장군의 시호를 따와 '충무로'가 된 것이다. 충무공 이순신이 뛰어다니던 이순신의 고향에서 영화의 역사길을 찾아보는 즐거움을 느껴보자.

7. 대한극장

1958년 개관하였다. 영화관의 설계는 20세기폭스가
하였다. 2000년 5월 21일, 멀티플렉스 설치를 위해 잠
시 폐관하였으며, 2001년 12월 15일에 재개관하였다.
대한극장은 1962년 2월 1일 〈벤허〉 영화를 장장 7개
월간 장기 상영함으로써 서울의 인구가 250만 명일 때
70만 명의 관객이 동원되어 '벤허극장'이라는 애칭으로
불리기도 했다.

현재 대한극장

8. 명보아트홀

명보극장은 1957년 8월 26일 1천 2백석 규모로 개관한 한국영화 전용 극장이었다. 당
시에는 외국영화 전용관과 한국영화 전용관이 나뉘어 있어서, 서울에 있는 8개 극장 중
명보극장은 국도극장, 국제극장과 더불어 한국영화 전용관으로 자리매김하였다. 1970년
대부터는 외국영화도 상영하였는데 작품성 있는 영화를 상영하면서 좋은 상영관이라
는 이미지를 얻었다고 한다. 1977년에 영화배우 신영균 씨가 인수하였고 1994년에는 명
보프라자로, 2001년에는 다시 명보극장으로 바뀌었다가 현재는 명보아트홀로 운영되고
있다. 명보아트홀 앞에는 영화의 거리답게 '아름다운 예술인상'을 받은 이들의 핸드프린
팅을 볼 수 있다.

명보아트홀 전경

명보아트홀 마당 영화인 핸드 프린팅

9. 스카라극장 터(수도극장)

스카라극장 자리

명치좌, 황금좌와 더불어 서울을 대표하는 영화관의 하나였던 약초극장은 해방 이후 1946년, 지배인이던 홍찬이 극장을 인수하여 수도극장으로 명을 바꾸었다.

1954년 12월 14일에는 국내 최초의 키스신이 나오는 영화 〈운명의 손〉(한형모 감독)이 개봉되어 당시 대중들은 문화적 충격을 받게 된다. 카바레 마담으로 나온 배우 윤인자와 방첩단 장교 역의 이향의 키스 장면은 약 2초였다고 한다.

1955년 이후로는 외화 상영을 주로 하게 되어 〈바람과 함께 사라지다〉 등의 영화를 상영하게 된다. 1956년에는 서울의 15만이 관람하는 영화 〈자유부인〉(한형모 감독)이 상영되었는데 교수부인의 외도라는 소재는 당시 대중에게 또다시 충격을 주었다고 한다.

그 후 수익악화로 1962년 4월 김근창 대표에게 소유권이 넘어가고 9월 13일 '스카라극장'으로 이름을 바꾸고 재개관되어 운영되었다. 2005년 11월 11일 문화재청은 스카라극장을 근대문화유산으로 문화재 등록하려고 하였으나 한 달 뒤인 12월 6일 건물주가 건물을 철거하며 스카라극장은 역사 속으로 사라졌다.

10. 국도극장 터

1913년 경성부 황금정(지금의 을지로)4가 황금연예관으로 출발한 국도극장은 전당포로 돈을 번 일본인 다무라가 목조 2층 건물로 극장을 시작하였다. 1925년에는 '경성보창극장', 1936년에는 '황금좌'로 이름을 바꾸었으며 광복 이후 1946년 김동렬 씨에 의해 신축, 개관하면서 '국도극장'이란 이름이 붙게 되었다.

1923년에는 일본인 감독 이 제작한 〈춘향전〉이 개봉되

국도극장 터 표지석

었고, 광복 후 1955년에 다시 한번 이규환 감독의 〈춘향전〉이 개봉되기도 하였다. 당시 12만의 관객은 서울 인구 150만을 생각하면 대단한 규모였고 6·25 한국전쟁 이후 피폐한 대중들의 정서에 '영화'라는 문화를 각인시켰으리라 본다. 1999년 건물을 허물고 호텔을 세우기 위해 폐관되었고, 지금은 국도호텔이 자리해 있다.

국도극장 터에 자리 잡은 국도호텔

11. 세운교

남산에서 시작되는 필동천은 지금의 세운교 밑쪽으로 해서 청계천과 합류한다. "세계의 기운이 모이길 바란다"는 의미에서 지어졌다는 세운상가와 청계상가 사이에 놓인 인도교로 조선 시대에는 이 세운교 주변 아시아전자상가 동쪽으로 효경교가 있었다고 한다.

효경교는 〈경도오부북한산성부도〉에는 '맹교'라고 표기되어 있는데, 이는 부근에 소경이 많이 살았기 때문에 붙여진 이름으로 일명 '소경다리'라 하였고, 이것이 변하여 새경다리, 효경다리라고도 하였다.

효경교 밑에는 도성 거지떼들의 움집이 모여 있어서 매년 섣달 추울 때에는 왕이 선전관을 보내어 보살피고 호조에 분부하여 쌀과 포를 주면서 얼거나 굶어 주는 일이 없도록 하였다 한다. 또 효경교는 1866년(고종 2) 병인박해 때 천주교도들을 처형한 곳이기도 하다

세운교

세운교 주변

12 묵사동천길, 묵사의 먹물, 한지에 내려앉다

박광혁
기독교문화유산해설사
win2win@naver.com

전수진
박물관전문해설사
art0703@naver.com

묵사동천은 목멱산의 노인정 가까이서 소곤대며 모아져 끊이지 않는 작은 물길로 시작하여 때론 마른내골 물과 합세하여 무침다리를 거침없이 덮어버리기도 하며, 청계천의 하류 마전교(馬廛橋) 바로 위쪽에서 창경궁을 두루 구경하고 갓 지나온 건너편의 옥류천(玉流川)과 마주하여 더 큰 개천(開川)을 이룬다.

동천(洞川)의 쉬지 않는 물길 덕분에 수려해진 풍광은 역사의 변곡점마다 상처 입은 많은 사람들의 애환을 다독이며 씻어주었고, 시와 노래로 화답하며 위로를 받았다.

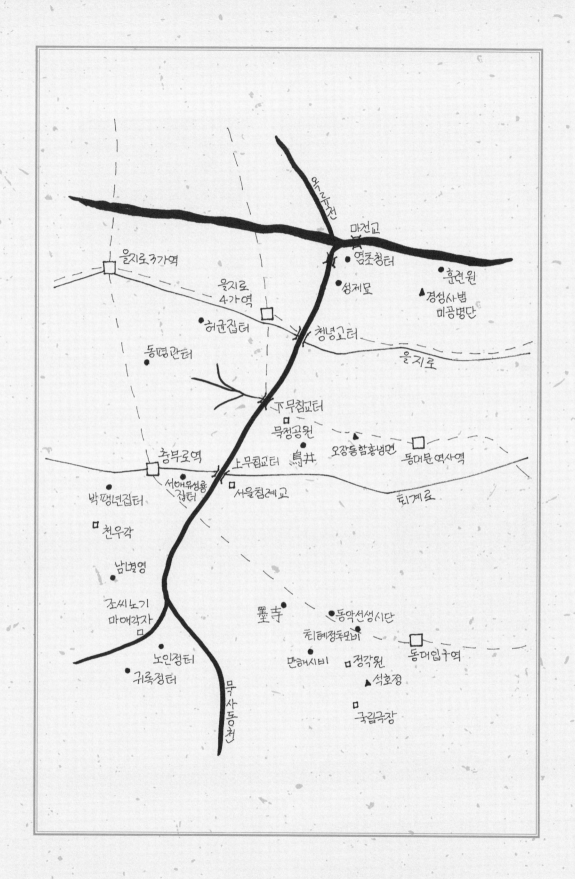

1. 묵사동천(墨寺洞川)의 원류(현 구립노인요양병원 계곡)

묵사동천은 남산(목면산, 木覓山)의 동북쪽(남산1호, 2호 터널) 아래 현 구립노인요양병원 골짜기와 옛 노인정이 있었다는 골짜기의 물이 Y자로 합류하여 제법 즐길만한 풍광을 이루었다.

현재 물길의 원류

2. 노인정(老人亭) 터, 필동2가 134-2번지(족구장 아래)

또 하나의 원류

발원지 바로 옆에는 조씨노기(趙氏老基)라 새긴 마애각자(磨崖刻字)가 있는데 그 가까운 곳에 조선조 말 세도정치가 풍양 조씨의 중심인물인 조만영이 지은 정자 터로 원래 노인정이 있었다.

노인정이란 명칭은 조선말 1840년경 풍양 조씨(豊壤趙氏)의 중심인물인 익종의 장인 풍은부원군(豊恩府院君) 조만영(趙萬永, 1776~1846)이 풍광 좋은 이 계곡에 정자를 세웠는데, 장수(長壽)를 다스리는 별로 남두육성(南斗六星)을 두수(斗宿)라고 하듯 남쪽산 이곳을 노인성(老人星)에 빗대어 장수를 기원하며 여러 지인들과 한가한 시간을 보낸 것에서 그 이름이 유래된 것이다.

이곳은 청일전쟁(1894~1895)이 일어나기 2개월 전, 세 차례에 걸쳐 조선대표 신정희(申正熙)와 일본의 오오토리(大鳥圭介) 공사 간에 회담이 진행되었던 '노인정회담'이라 일컫는 역사적인 사건이 있었던 곳이기도 하다

3. 귀록정(歸鹿亭) 터 마애각자(磨崖刻字)(노인정 터 바로 위)

유묵록선기제석(遊墨麓先基題石) 마애각자는 영조(英祖) 때 영의정을 지낸 조현명(趙顯命, 1690~1752)이 자신의 선조가 살았던 남산의 옛터를 방문하고 시를 지어 바위에 새긴 글이다. 이 마애각자는 서울특별시 중구 필동로6길 필동 약수터 서쪽의 건물 뒤편에 있다. 조현명이 지은 시는 총 40자로 '선인이 덕을 펴시던 이곳에 장차 두어 칸의 집을 지으리라'라고 다짐하는 내용을 담고 있다. 각자는 음각으로 새겨져 있고 말미에 조현명의 호 녹옹(鹿翁)이 새겨져 있다. 각자가 새겨진 방벽의 크기는 110×123×3(㎝)이다.

미애각자 원본(중구문화원 제공)   마애각자 해석

시문은 조현명의 《귀록집(歸鹿集)》에 전하고 있다. 시호는 충효(忠孝)이다. 조현명은 언제든지 벼슬을 버리고 전원생활로 돌아가겠다는 마음으로 정자를 세웠다. 이 정자는 그의 또 다른 호를 따라 귀록정(歸鹿亭)이라 하였다.

이외에도 근처에 천우각(泉雨閣), 쌍회정(雙檜亭), 화수루(花樹樓), 재산루(在山樓), 홍엽루(紅葉樓), 녹천정(綠泉亭) 등 수많은 정자들이 있었다.

4. 남별영(南別營) 터, 중구 퇴계로34길 28(남산골 한옥마을 일원)

남산골 한옥마을 내 왼쪽 언덕길 따라 약 70m 지점 인도 옆 화단에 있다. 남별영은 1682년에 창설된 금위영(禁衛營)의 분영(分營)으로 금위영 군사들이 무예를 닦았다.

이 자리는 1730년에 국왕 호위와 수도방어의 임무를 맡았던 남별영이 설치된 이래 일제강점기에는 조선헌병대사령부, 광복 후에는 수도방위사령부가 설치되는 등, 오랫동안 군

남별영 터   남별영 터 망북정

사 주둔지로 기능해 왔다. 현재 남별영(南別營) 터에는 남산골 한옥마을이 조성되어 있다.

금위영은 병조 소속의 군영과 훈련도감 소속의 군영을 하나로 합쳐 재조직한 것이다. 당초 건물은 139칸이었으며 남별영 남쪽에는 금위영 소속의 군량미 저장고였던 남창(南倉)이 101칸 규모로 자리하고 있었고, 북쪽에는 하남창(下南倉) 104칸, 남창 서쪽 기슭에는 화약고 17칸 등이 있었다. 이후 1881년(고종 18)에 이르러 총융청(摠戎廳), 어영청 등과 함께 장어영(壯禦營)으로 통합되었다가 1895년에 폐지되었다.

5. 천우각(泉雨閣), 중구 퇴계로34길 28(남산골 한옥마을 내)

《금오계첩(金吾契帖)》에 실린 진재 김윤겸(金允謙)의 천우각 (泉雨閣)

천우각은 조선시대에 남산골 시인 묵객들이 자연과 벗하며 술과 풍류를 즐기던 정자다. 예로부터 이곳에는 골짜기에 맑은 물이 흘러 여름철 피서지로도 유명하였다. 천우각이 자리 잡은 이곳은 조선시대에는 청학이 노닐었다고 하여 청학동(靑鶴洞)이라 불리기도 했다. 청학동은 경관이 뛰어나서 삼청동, 인왕동, 쌍계동, 백운동과 더불어 한양 5동으로 손꼽혔다.

조선시대 청계천 북쪽의 북촌에는 양반 권세가들이 살았고, 남촌에는 소위 양반으로

서 변변한 벼슬 한자리 얻지 못했지만 청렴개결(淸廉介潔)을 생명으로 삼는 샌님들이 살았다. 그래서 북촌에는 떡이 맛있고, 남촌에는 풍류를 즐긴 선비들이 살았기에 술이 향기롭다는 말이 전해진다.

현재의 천우각은 당시의 정취를 충실하게 재현하여 시민들에게 제공하고 있다.

6. 묵사(墨寺, 묵사골, 먹절골, 먹적골), 흔적도 찾아볼 수 없는 묵사

'묵정동'은 깊은 우물이 있었는데 매우 깊어 들여다보면 물이 검게 보인다 해서 오정(烏井)이라 하였다는 기록이 있다. 그 오정의 의미를 담아 묵정동이라 했다.

오정마을 뒤에 먹을 만들어 팔던 먹절 또는 묵사(墨寺)라는 절이 있어 묵사동(墨寺洞), 묵동(墨洞)·먹절골·묵절골 등의 이름으로도 불리었다. 보통 먹골이라고 알고 있는 먹절골은 중구 묵정동·충무로4가·충무로5가·필동2가·필동3가에 걸쳐 있던 마을로, 조선시대 초기 한성부 남부(南部) 훈도방(薰陶坊)에 속했던 곳이다.

목멱산의 맑은 물은 묵사의 검정 먹물을 흠뻑 머금고 함께 흐르던 이 골짜기에 먹물을 닮은 향긋한 커피를 마실 수 있는 카페들이 즐비한 것을 보며 잠시 상념에 젖어본다.

7. 동악선생시단, 중구 필동로1길 30(동국대학교 내)

동악선생시단 비

동악선생 시 각자

동악선생시단(東岳先生詩壇) 각자(刻字)는 동국대학교 계산관 앞 화단에 조선 중기 동악(東岳) 이안눌(李安訥, 1571~1637)을 주축으로 형성된 시단(詩壇)을 기념하여 이안눌의 후손 이주진(李周鎭)이 1700년대에 쓴 바위 글씨다. 글씨가 새겨진 원 바위는 1984년에 그대로 떠다가 '시루(詩樓)'의 자리인 학생회관 옆으로 옮기려 하였으나 심한 풍화로 쪼개지는 바람에 그 조각을 모아 박물관에 보관하고 있다.

1987년 바위의 원래 위치에 표석을 세워 기념하고 있다.

동악선생시단(東岳先生詩壇)은 조선 중기의 관료이자 시인인 동악(東岳) 이안눌을 주축으로 당대의 문인들이 모여 시를 지으며 놀던 모임, 또는 그 장소를 말한다.

8. 최혜정 선생님을 기억함(동국대학교 내)

동악선생시단 가까이 추모비 하나가 자리하고 있다. 추모비의 주인공 최혜정 선생님은 세월호 침몰 때 위급한 상황을 직감하고 학생들이 있는 곳으로 주저없이 내려가 '구명조끼를 입으라'고 외치며 학생들을 독려했다. 그러나 정작 자신은 구명조끼조차 입지 못하고 '걱정하지 마, 너희들 먼저 나가고 선생님 나갈게'라는 말을 마지막으로 자신을 기꺼이 내어주었다. 배운대로 삶을 가르친 참 교육자 최혜정 선생님의 숭고한 희생을 기리는 조그만 추모비가 모교 교정 한 귀퉁이에 수줍은 듯 자리하고 있다.

최혜정 선생 추모비

9. 만해 한용운 시비, 중구 필동로1길 30(동국대학교 내)

만해 한용운 시비(卍海韓龍雲詩碑)는 1987년 동국대학교에서 개교 80주년을 기념해 시인이자 종교인이자 독립운동가이며, 동국대 국어국문학과 제1회 졸업생인 만해(卍海)한용운(韓龍雲, 1879~1944)의 항일구국운동과 나라사랑정신을 기리고자 세운 비석이다. 그의 대표작인 〈님의 침묵〉이 새겨진 이 비석은 동국대학교 만해광장 위쪽에 자리하고 있다

10. 서애(西厓) 류성룡(柳成龍) 집터, 안동을 대표하는 퇴계의 제자

서애(西厓) 류성룡(柳成龍, 1542~1607)은 1542년(중종 37) 10월에 의성현 사촌 마을의 외가에서 아버지 류중영(柳仲郢, 1515~1573))과 어머니 안동 김씨 사이에서 둘째 아들로 태어났다. 류성룡을 본 스승 퇴계는 그가 하늘이 내린 인재이며 장차 큰 학자가 될 것임을 직감하였다고 한다. 또한 스펀지처럼 학문을 빨아들이는 그를 보고 "마치 빠른 수레가 길에 나선 듯하니 매우 가상하다."라고 찬탄하였다. 20대 시절 류성룡은 스승인 퇴계의 학문과 인격을 흠모하여 배우기를 힘쓰고 이를 실천에 옮기는 것을 인생 최고의 목표로 삼았다.

서애길은 동국대 후문 쪽 충무로 서울침례교회에서 필동 방향 170m 구간이다. 서애길은 《징비록》으로 유명한 서애 류성룡의 집터가 있었던 데서 비롯되었다. 류성룡 집터를 알리는 표석은 퇴계로4가 SK주유소 앞 화단에 있다. 멀지 않은 명보극장 앞에는 충무공 이순신 장군의 집터도 있다. 임진왜란 당시 류성룡이 이순신을 천거하는데 같은 마을이라 눈여겨봤던 인연도 무관하지 않으리라 여겨진다.

서애 류성룡 집터 표지석

11. 상무침교(上無沈橋) 터, 중구 창경궁로 8 (서울침례교회 앞 사거리)

묵사동천에 놓여 있던 4개의 다리 중 하나인 상무침교(上無沈橋)는 이 하천 주변에 조선시대 묵사(墨寺) 혹은 먹절이라 부르던 절이 있었던 탓에 이 부근을 묵사동 혹은 먹절골이라 불렀는데, 하천의 이름은 여기에서 유래했다. 이곳 상류는 풍경이 수려하여 많은 시인 묵객들이 책을 읽고 시를 지었다. 이 하천에 놓인 여러 다리들 중에 상무침교(上無沈橋)가 있었는데, 이 다리는 높이가 낮아 장마철이 되면 물에 잠기는 일이 잦아 이런 이름이 붙게 되었다.

조선시대 묵사동천에는 이 상무침교 외에도 하무침교(下無沈橋), 청녕교(淸寧橋), 염초교(焰硝橋) 등이 있었다. 현재 하천은 노인정 터 위쪽을 제외하고는 대부분 복개되었다.

12. 하무침교(下無沈橋) 터, 중구 마른내로 102(중구청 근처)

하무침교(下無沈橋)는 이 묵사동천에 놓여 있던 4개의 다리 중 상류에서 2번째 위치에 있는 다리다. 본래 무침교(無沈橋)는 하무침교를 이르는데, 상무침교에 대비되는 이름이다. 이 다리는 높이가 낮아 장마철이 되면 마른내[乾川] 물이 합수(合水)되어 잠기는 일이 잦아 이런 이름이 붙게 되었다. 조선시대 이 일대의 마을을 무침다릿골, 혹은 침교동(沈橋洞)이라 부르기도 했다.

13. 허균의 집터, 중구 인현동1가(덕수중학교 옆 마른내 근처)

허균(許筠, 1569~1618)은 본관은 양천(陽川), 자는 단보(端甫), 호는 교산(蛟山)·학산(鶴山)·성소(惺所)·성수(惺叟)·백월거사(白月居士)가 있다. 동지중추부사(同知中樞府事) 허엽(許曄)의 아들이다. 조선 중기의 문신 문필가로서 형들인 허성(許筬), 허봉(許篈) 등이 모두 알려졌고 그의 누이 허난설헌(許蘭雪軒) 역시 여류 문필가로서 명성을 떨쳤다. 실제로 그는 정치인으로서보다 최초의 한글소설 《홍길동전》을 쓴 소설가로서 더 잘 알려져 있다.

남산 아래 마른내 근처(현 중구 인현동1가)에서 태어난 허균은 5세 때부터 글을 배우기 시작할 정도로 영특하였다. 12세에 아버지를 여의고 더욱 글공부에 매진하였다. 류성룡(柳成龍), 이달(李達)의 문인으로 학문과 시를 배웠다. 그의 사회비판 소설 《홍길동전》에서 볼 수 있듯이 그는 기존의 고정관념에 얽매이지 않는 자유로운 영혼을 지니고 있었고, 당시 현실에 대한 대담한 개혁의식을 지니고 있었다. 저서로는 《홍길동전》, 《남궁선생전》, 《교산시화(蛟山詩話)》, 《성소부부고(惺所覆瓿藁)》, 《성수시화(惺叟詩話)》, 《학산초담(鶴山樵談)》, 《도문대작(屠門大嚼)》, 《한년참기(旱年讖記)》, 《한정록(閑情錄)》 등이 있다.

14. 청녕교(淸寧橋) 터, 중구 을지로 218(중부 건어물 시장 앞)

청녕교(淸寧橋)는 묵사동천의 상류에서 3번째 다리이다. 현재 청녕교가 있던 곳에는 을지로 포장도로가 깔려 있다. 이곳에 살았던 성종의 셋째 사위 한경심(韓景深)의 직책이 청녕위(淸寧尉, 공주의 남편인 부마에게 내리는 작호)였기 때문에 이곳을 청녕교, 청녕위다리, 혹은 줄여서 청교(淸橋)라고도 하였다.

15. 성제묘(聖帝廟), 중구 방산동 4가 96번지(방산시장 옆)

관우(關羽)를 주신으로 모시는 묘당, 성제묘 안내문에 임진왜란 이후 민간에 의해 세워졌다고 되어 있다. 이와는 달리 염초청에서 관성제군(關聖帝君)을 부군으로 모시며 지내던 제사에서 유래한 것으로 보기도 한다.

성제묘의 제사가 조선시대 부군신앙과 관련이 있는 것으로 본다면 방산동 성제묘의 관우제사는 지금까지 알려진 것처럼 민간에 의해 세워졌다기보다 방산동 일대에 있던 군 관련 기관과 거기에 소속된 군인과 관리들에 의해 비롯된 것으로 볼 수 있다.

16. 훈련원/경성사범학교/미공병단 부지, 중구 방산동 70일대

훈련원(訓鍊院)은 조선시대에 병사의 무재(武才) 시험과 무술훈련, 병서(兵書), 전투대형 등의 강습을 담당한 곳이다. 설치 당시인 1392년(태조 1)에는 훈련관(訓鍊觀)으로 불리었다. 태종(太宗) 때에 지금의 장소로 옮겨와 청사 남쪽에 활쏘기와 창이나 칼쓰기 등의 무예를 연습하고, 무과시험을 위한 대청인 사청(射廳)을 지었으며, 1466년(세조 12)에 훈련원으로 개칭하여 조선의 중요한 군사기관으로 그 역할을 수행하였다. 그러나 대한제국 말기 국권피탈의 과정에서 한일신협약(韓日新協約)에 의해 대한제국의 군대가 해산됨에 따라, 1907년 훈련원이 해산되고 난 뒤 이곳은 경성사범학교 및 미극동공병단(U.S Army Corp of Engineers FED) 주둔지로 사용되었다.

이순신 장군도 이곳에서 무과시험을 치르다 낙마하여 부상을 당했으나 4년 후 재도전에 급제하여 위기의 나라를 구한 성웅이라 일컬으니 인생사 알 수 없는 일이다.

17. 박웅진 시비(朴雄鎭詩碑)(훈련원공원 내)

이 시비는 1998년 명봉(命峰) 박웅진(朴雄鎭, 1932~) 시인을 기념하기 위해 훈련원공원에 세워진 비석이다. 시비에 그의 대표작 〈울너머 동이 트니〉가 서예가 심응섭의 글로 새겨져 있다. 이 시에서 울은 울타리를 뜻하는데, 여기에서는 휴전선을 가리키는 것으로 휴전선을 넘어 하루빨리 동이 트기를 바라는 통일의 염원이 담겨 있다. 옛 훈련원 터였던 훈련원

박웅진 시비

공원 안에 이 시비가 세워진 배경은 박웅진이 공군사관학교 출신인 이력에서 찾을 수 있다.

18. 염초교(焰硝橋)와 염초청(焰硝廳) 터, 중구 주교동(방산시장 옆)

묵사동천(墨寺洞川)이 청계천과 합류하기 바로 전 마지막 다리 염초교(焰硝橋)가 있던 자리이다. 다리의 이름은 조선시대 이곳에 화약을 제조하던 염초청(焰硝廳)이 있던 데서 유래하였다. 염초교는 일제의 청계천 확장공사 때 철거되었을 것으로 추정된다.

염초청(焰硝廳) 터(중구 방산동 4-24 일대)는 조선시대 화약을 제조하던 관아 터다. 관아의 규

모는 112칸으로 비교적 큰 것이었다. 고려시대 말부터 이어온 화약제조 기술이 이어져 염초청은 조선의 국방기술의 중심에 있었던 관청이었다.

염초청 터 표석

조선시대 염초청은 도성 2곳에 자리 잡고 있었다. 하나는 이곳이고, 다른 하나는 지금의 서울역 근처 염천교(鹽川橋)에 위치하고 있었다.

이곳 주변을 방산동(芳山洞)이라 하였는데, 1760년대 청계천의 준천(濬川) 때 강바닥을 파낸 흙을 근처 마전교(馬廛橋)와 오간수문(五間水門)에 쌓아두면서 주변에 꽃을 심었는데 그 향기가 아름답다 하여 붙여진 이름이다. 현재 이곳은 광복 후부터 조성된 방산종합시장이 자리 잡고 있다.

19. 청계천 마전교(馬廛橋) 터, 중구 방산동(마전교 지하쇼핑센터 앞)

마전교(馬廛橋)는 청계천(淸溪川) 맨 아래에 놓였던 조선시대 다리이다. 다리 근처에서 주로 훈련원의 퇴마(退馬)를 사고파는 마시장이 열려 '마전다리'라 이름했으며 묵사동천의 물은 마전다리 바로 위쪽에서 합류하였고 지금은 마전교 밑에 그 수구가 보인다. 건립 시기는 한양으로 도성을 옮긴 후 청계천 수로를 보수하고 그 위에 여러 개의 다리를 놓았던 태종 연간으로 추정된다. 참고로 청계천의 수표교(水標橋)를 마전교(馬前橋)라 불렀는데, 이는 이곳의 마전교(馬廛橋)와는 다른 다리다.

청계천 마전교(馬廛橋) 터 위치

마전교 터

13 진고개길, 활자와 인쇄의 거리에서 선비의 정신을 만나다

조태희
역사문화전문 해설사
jhoth49@naver.com

최경화
㈜우리가 만드는 미래역사체험 학습강사
qwe128@empas.com

서울의 옛길은 20세기 초반에 이르기까지 크게 변하지 않고 유지되어 왔다. 하지만 일제강점기를 거치면서 큰 변화가 있었다. 특히 6·25 한국전쟁의 폐허 속에서 진행된 도시개발로 서울은 완전히 새로운 모습으로 바뀌었으며 서울 옛길 12경 가운데 진고개길과 구리개길은 남산에서 흐르는 여러 동천을 동서로 가로지르며 나 있다.

구리개길은 오늘날 을지로에 해당되고 진고개길은 충무로에 해당된다. 진고개길은 명례방에서 시작하여 충무로를 따라 동쪽의 광희문에 이른다. 그중 저자는 진고개길을 소개하고자 한다.

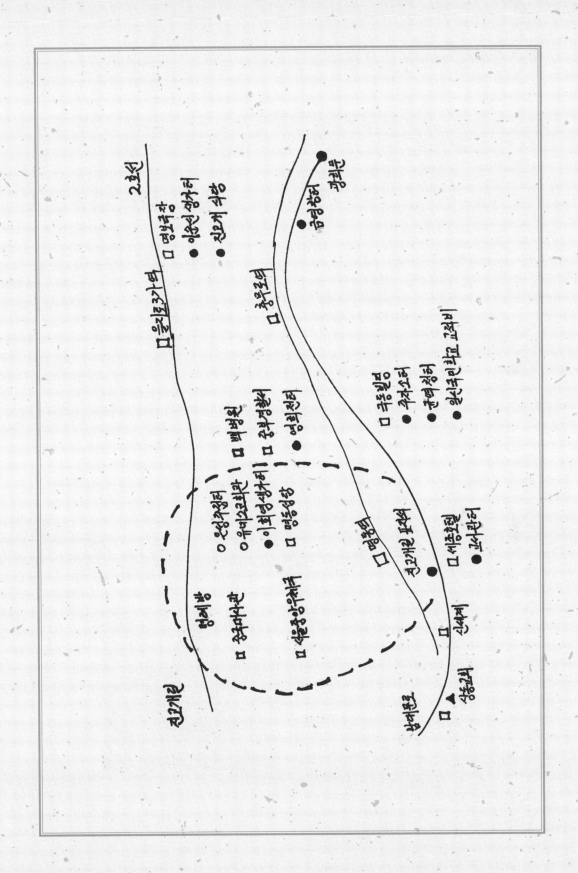

1. 진고개의 유래

진고개는 서울 중구 충무로2가에 위치한 세종호텔 뒤편의 작은 고갯길로 남산의 산줄기가 뻗어 내려오면서 형성된 고개이다. 고갯길은 그다지 높지 않고 가파르지 않다. 진고개 일대는 북으로는 청계천, 남으로는 남산을 두고 있는 지역으로 종로 이남의 남촌이다. 남촌은 동서로 뻗은 2개의 길이 있었는데, 현재의 을지로로 을지로 입구에서 광희문에 이르는 '구리개길'과 현재의 충무로로 신세계백화점에서 광희문에 이르는 '진고개길'이다.

진고개길은 서쪽으로는 남대문로 동쪽으로는 광희문과 연계된다. 그리고 남쪽과 북쪽에는 각각 남산과 청계천이 자리하고 있어 남쪽이 높고 북쪽이 낮은 지형이다. 이러한 지형적 특징으로 비가 올 때마다 남산에서 많은 양의 빗물이 흘러 내려와 청계천이 범람하는 원인이 되었다. 따라서 진고개는 늘 질척거리는 상태였다. 한자로는 이현(泥峴)이라고 하며, 옛날에 이곳의 길은 습하고 그늘져 비가 내리면 흙이 끊어질 정도로 땅이 매우 질어 다니기 불편했기 때문에 진고개라는 지명이 되었다.

조선시대에는 진고개길이 있는 일대를 '남산골'이라고도 일컬었는데, 남산골에는 하급관료인 아전들과 가난한 양반들이 과거준비와 글공부를 하면서 거주하고 있었다. 날이 맑은 날에도 땅이 질어 나막신을 신고 다녀서 '남산골 딸깍발이'나 '남산골샌님' 등으로 불렸다.

진고개 굴 우물

진고개에 있는 우물이 깊고 우물 안에 굴이 있다하여 '굴 우물' 또는 '굴정'이라고도 했다. 이 우물은 조선 인조 때의 문신인 이민구가 13살이었을 때 길가에서 놀다가 우연히 바위 밑에서 물이 솟아 나오는 것을 보고, 동네 아이들을 모아 우물을 파서 지나는 모든 사람들이 이 물을 마실 수 있도록 하였는데 점차 물구멍을 더 파서 굴처럼 되었다고 한다. 또한, 조선시대 한성에 대한 내용을 간략하게 기술한 《한경지략》에도 굴 우물은 "남부 이현에 있으며 우물이 깊고, 굴이 있어 굴정이라 한다."고 기록되어 있다.

진고개길 표지석

2. 명례방, 독립의 산실과 근대의 풍경

진고개가 시작되는 명동이란 동명은 한성부 행정구역인 5부 49방의 하나인 명례방에서 기원한다. 조선시대에는 명례방골, 종현이라 불렀다. 조선시대에는 세조가 수양대군이었던 시절에 살았던 잠저로 명례궁이었으며, 원래는 훈도방진고개(현재의 충무로)에 위치하였는데 광해군 초에 정릉동(정동)으로 옮겨졌다. 그 이후에는 비빈들에게 속궁(왕과 왕비에게 따로 주어지는 거처)으로 주어졌다. 명례궁에서 살았던 비빈들은 인목대비, 장렬왕후, 인현왕후, 혜경궁 홍씨, 효의왕후, 순원왕후, 철인황후, 명성황후가 있다.

항일전쟁 시기인 1910년 10월 1일, 일제는 한성부를 경기도 경성부로 바꾸었고, 이에 따라 명동은 경성부 명동이 되었다. 그 후 일제는 다시 서울의 지명을 일본식으로 고치면서 명동을 명치정 1,2정목이라고 붙여지고 해방 이후인 1946년 10월 1일 명동1가, 명동2가로 명동이라는 이름이 붙여진 것은 1955년에 명동1가와 2가를 합쳐 명동이라고 불렀다.

1) 우당 이회영 선생, 이재명 의사 독립운동의 산실

독립운동가인 우당 이회영 선생을 비롯한 6형제(건영, 석영, 철영, 회영, 시영, 호영)의 집터는 서울 중구 명동 YWCA 주차장 앞 소공원 화단에 있다. 백사 이항복의 후손으로 명문가의 자제였던 우당은 을사조약 체결 후인 1907년 4월 비밀결사 독립운동단체인 '신민회'를 발족하고 같은 해 6월에는 '헤이그특사' 파견을 주도하는 등 조국의 독립을 위해 다양한 활동을 펼쳤다.

우당은 1910년 경술국치를 당하면서 국내에서 독립운동을 전개하기 힘들자 형과 동생을 설득해 현재 돈으로 환산하면 600억 원에 달하는 가문의 전 재산을 헐값에 처분한 뒤 60여 명의 식솔을 이끌고 만주로 건너가 경학사와 신흥무관학교 등을 설립해 독립운동가를 양성했다. 만주의 상하이 등지에서 독립운동을 하는 동안 우당의 형제들은 대부분 일제에 체포돼 모진 고문을 받고 순국하거나 병사해 우당의 형제 중 1945년 해방을 맞아 귀국한 이는 다섯째인 성재 이시영뿐이었다. 성재는 정부 수립 후 초대 부통령을 지냈다. 우당 가문은 우리나라에서 '노블레스 오블리주'를 실천한 몇 안 되는 사례로 꼽힌다.

이회영, 이시영 6형제 집터 표지석

이재명 의사 의거 터 표지석

그리고 국권 회복을 위해 일제 침략 원흉과 매국노를 처단할 것을 결심한 이재명은 1909년 1월 순종황제의 서도 순시에 동행하는 이토 히로부미 한국통감을 암살할 계획을 세웠으나 안창호의 만류로 그만두고, 항일투쟁을 위해 원산을 거쳐 블라디보스토크로 건너갔다.

1909년 10월 26일 안중근의 이토 암살 소식에 고무되어 다시 귀국한 그는 평양에서 동지들과 함께 친일매국노 이완용, 송병준, 이용구 등을 암살할 계획을 세웠다. 그리고 상경하여 기회를 엿보던 중 1909년 12월 22일 종현천주교회당(명동성당)에서 있을 벨기에 황제 레오폴트 2세의 추도식에 이완용이 참석한다는 신문 보도를 접하고, 군밤 장수로 가장하여 성당 문밖에서 기다리다가 식을 마치고 나오는 이완용을 찔러 복부와 어깨에 상해를 입혔다.

2) 명동성당 병원 서구문물

명동성당은 우리나라 최초의 본당이며 한국 천주교회의 상징이다. 고종 29년(1892)에 착공, 광무 2년(1898)에 준공되었다. 명동성당은 우리나라 천주교 역사뿐만 아니라 정치, 사회. 문화 전반에 걸쳐 큰 영향을 끼친 곳이다. 개발 독재의 서슬이 퍼렇던 1970년대 이후 시대의 요구의 아픔, 민중의 눈물을 품어 이 땅에 민주주의를 탄생시킨 모태와도 같은 곳이기도 하다. 명동성당은 벽돌로 쌓은 우리나라 최초의 교회로서 프랑스 신부 코스트가 설

명동성당

계했다. 내부는 십자형 평면에 공중 회랑과 높은 창, 무지개 형상의 궁륭 천장으로 되어 있고, 외부는 고딕 장식을 통해 웅장함을 드러내고 있다. 빼놓지 말고 둘러봐야 할 곳은 계단 아래쪽에 있는 지하 성당이다. 여기엔 19세기 천주교 박해로 희생당한 성인 유해 5위와 일반 순교자 유해 4위를 봉안하고 있다. 성당 주변에는 가톨릭회관과 다양한 문화시설이 있다.

3) 명동의 일제 침탈

1910년대에 들어서면서 산업 침탈이 가속화되었다. 제1차세계대전이 끝나고 전쟁 특수가 사라지자 일제는 자국에 남아도는 자본을 이용하여 우리나라에 대한 경제 침탈을 본격화했다.

상품 시장 확대와 값싼 노동력 이용의 욕구가 커졌다. 이후 기존의 회사령을 폐지하고 신고제로 전환하였다. 이것은 일본 독점 자본의 조선침투를 쉽게 하려는 목적을 갖고 있었다. 또한 일본 상품의 관세 철폐(1923)로 일본 상품의 수출이 증대되면서 조선에서는 민족 기업들을 중심으로 물산장려운동이 전개되었다. 그리고 일본은 신 은행령(1927)을 제정하여 한국인 소유의 은행을 강제 합병하여 조선은행에 예속시켰다.

일제는 한국을 일본 경제권에 편입하고 대륙 침략의 발판을 마련하고자 철도, 도로, 항만 등의 기간 시설을 정비하고 건설했다. 그 과정에서 엄청난 토지가 철도 부지로 수용되어 민중의 생활 기반을 파괴했기 때문에 철도에 대한 민중의 반감이 컸다. 우리 민족 대부분은 일제 강점기 내내 일본 독점 자본의 진출 때문에 경제 활동에 큰 타격을 입었고, 대부분 열악한 환경 속에서 살 수밖에 없었다.

4) 현대의 유행, 쇼핑 상업의 거리

명동, 우리나라 사람이라면 누구나 한 번쯤은 방문했을 법한 우리나라 최대의 쇼핑 명소다. 개항 이후 일본인들이 들어오면서 성장한 식민지배의 아픔이 서린 곳이기도 하다. 일제 강점기에 만들어진 미쓰코시백화점(1930년, 지금의 신세계백화점), 조선은행(현 한국은행), 명동예술극장을 비롯하여 우리나라 가톨릭의 상징 명동성당도 자리 잡고 있다.

임오군란 당시 청나라 군대를 따라 들어 온 청국 상인들이 서울에 먼저 자리를 잡았다. 그 중심에는 명동2가에 들어선 청국 공관(1883년)이 있었다. 이를 중심으로 청국 상인들은 수표교 주변과 명동과 남대문 지역에 자리를 잡았다. 1894년 청일전쟁에서 청국이 패하면서 일시적으로 위축되기도 하였다. 1860년대 이후 서구 열강들이 우리나라로 들어오기 시작할 당시 일본은 충무로 진고개를 중심으로 정착하기 시작한다. 남촌의 시작인 지금의 예장동 일대는 임진왜란 당시 일본군이 성을 쌓고 머물렀던 '왜성대'가 있었던 곳이다.

진고개를 중심으로 한 일본인 거류민 수는 1884년 당시 260호 848명에서 이후 1년만인 1895년에 500호 1,889명이 거주하였다. 청일전쟁 이후에 일본은 이곳에 거류민회까지 조직하여 지지기반을 확대해 나간다.

일제 침략기에 들어서는 이곳이 새로운 중심지로 성장하게 된다. 일본인들은 충무로1-3가의 진고개를 '혼마치'라고 부르며 중심가로 키웠다. 혼마치는 일제 강점기를 배경으로 한 영화에 자주 등장하는 지명이라 익숙한 사람들도 많을 것이다. 혼마치는 우리말로는 본정으로 거주지 중에 으뜸이라는 뜻이다. 충무로1-2가는 귀금속에서부터 잡화류, 화장품, 서적, 식료품 등을 파는 고급 점포가 일본인들에 의해 형성되었다. 1910년대 들어 남촌 내부의 중심부는 충무로에서 명동(조선시대 명례방)으로 넓혀졌다. 1912년에는 경성어시장이, 1919년에는 공설시장이 들어섰다. 당시 동명도 일본식 동명인 메이지마치로 변경되었다.

일제 침략기 초반 명동1-2가는 다방, 카페, 주점 등이 들어서 있었으나 1920년대 이후 미도파백화점(당시 정자실백화점)이 입지하고 명동성당까지 도로가 확대되면서 충무로 상권에서 벗어나 독자적인 위치를 갖게 되었다. 일제 강점기 남촌은 서울의 경제 핵심으로 최신식 건물들이 자리 잡고 있던 명소였다. 지금도 그 흔적이 고스란히 남아 있는 곳들이 있다. 현재 한국은행은 당시 조선은행이었고, 중앙우체국은 당시 경성우체국이었으며, 그 반대편에 있는 신세계백화점은 당시 미쓰코시백화점(1930년)이었다. 백화점은 일본에서 들어온 명칭으로 포목점에 유래한 것으로 일본 상권이 성장하면서 명동을 중심으로 집중적으로 들어섰다.

3. 인쇄 출판, 주자소 활자를 만들다

1) 교서관 터

교서관은 조선시대에 서적의 인쇄, 제사 때 쓰이는 향과 축문, 도장 등을 담당하던 관청이다. 서적 인쇄에 필요한 활자도 주조하였다. 1392년(태조 1)에 설치되었고, 1777년(정조 1) 규장각에 편입되어 운각, 내서, 외각이라고도 불렀으며, 예문관, 성균관과 함께 삼관으로 여기에 승문원을 포함하여 사관으로도 불렀다. 조선 건국 직후 반포한 새 관제에서 고려 때의 제도를 계승하여 교서관을 설치하고 서적과 축문 관련 업무를 담당하게 하였다.

1401년(태종 1)에 교서관으로 개칭하였다. 세조 때 전교서로 개칭하였다가 성종 때 교서관으로 환원하였다. 1894년 (고종 31) 갑오개혁 때 궁내부의 산하 기구로 개편하였다.
《경국대전》에 의하면, 교서관의 관원으로는 제조 2명, 다른 관원이 겸직하는 정3품의 판교 1명, 종5품의 교리 1명, 정7품의 박사 2명, 정8품의 저작 2명, 정9품의 정자 4명과 종9품의 공작 2명을 배치하였다.

교서관은 국가에서 서적을 출판할 때 판본이 될 만한 서적을 선정하고 이를 목판이나 활자로 인쇄할 때 교정 작업을 담당하였다. 또한 국가의 제사에서 쓰는 축문을 작성하고, 국가의 각종 인장(도장)에 전문이라는 독특한 한자 글씨체를 새기는 일도 함께 담당하였다. 교서관은 학문과 관련한 관청이기 때문에 관원 모두 문관으로 임명하였으며, 승문원과 성균관과 더불어 새로 문과에 급제한 자를 분속시켜 업무를 익히게 하였다. 각종 도장에 전문을 새기는 업무를 수행하기 위해 전문을 잘 쓰는 관원 3명을 선발하여 항상 교서관의 관직을 겸하게 하였다.

창덕궁 후원에 규장각을 건립한 다음 1888년(정조 1)에 교서관을 규장각에 소속시켰다. 궁궐 안의 규장각을 내각이라 부르는 반면 궁궐 밖에 위치하였던 교서관은 외각이라고 칭하면서 규장각의 제학, 직제학, 직각이 교서관의 제조, 부제조, 교리를 겸임하게 하였다. 교서관은 처음에는 남부 훈도방에 있다가 병자호란 후에 중부 정선방으로 옮겼으며, 조선 후기에 다시 남부 낙선방으로 옮겨왔다.

교서관 터 안내판   주자소 터 표지석

2) 주자소 터

주자소는 조선시대 활자를 주조하고 책을 찍어내는 업무를 담당하던 관청으로 1392
년(태조 1) 조선의 새 관제를 마련할 때 고려제도를 이어 경적인출을 담당하는 서적원을
설치하였다. 1401년(태종 1) 서적원을 교서관에 합쳤으며, 1403년 별도의 인쇄기관으로
주자소를 설치하고 승정원에 소속시켰다. 1460년(세조 6) 교서관으로 소속을 옮기고 전
교서라 개칭하였다.

주자소의 직제는 초기에는 승지 2명이 주관하고 2품 이상의 문신 1명과 승지 1명을
제조로 삼았으며 교서 등을 두었다. 그리고 인쇄와 관련된 전문 장인으로는 금속활자
를 만드는 야장 6명, 글자를 나란히 배열하는 균자장 40명, 인쇄를 담당하는 인출장 20
명, 글자를 주조하는 각자장 14명, 구리를 주조하는 주장 8명, 주조된 활자를 다듬는
조각 8명, 인쇄 판형에 필요한 화양목을 다루는 목장 2명, 종이를 재단하는 지당 4명이
소속되어 있었다. 장인의 구성을 보면 활자의 주조에서 책자 인쇄에 이르는 전체 과정
이 전문 분야별로 분업화되었음을 알 수 있다.

1403년 주자소에서 계미자라 부르는 10만여 개에 달하는 금속활자를 주조하였으며,
1796년(정조 20)에는 정리자로 큰 활자 19만 자, 작은 활자 14만 자를 구리로 주조하였다.
1857년(철종 8)에 화재로 정유자와 한구자 등의 활자가 불타버리자 이듬해에 다시 이 활
자들을 주조하였다.

주자소는 남부 훈도방에 있었다. 주자소가 이곳에 있어서 이 일대를 주자동이라 불

렸다. 1435년(세종 17)에 경복궁 안으로 이전했다가 1460년 교서관에 병합되었다. 1794년 (정조 18) 규장각과 인쇄를 맡는 교서관이 떨어져 있어 불편함으로 교서관을 창덕궁 돈화문 밖으로 옮기고 주자소를 분리시켜 창경궁 홍문관 자리에 설치하였다.

3) 을지로 인쇄 골목

인쇄 골목은 직접적으로 조선시대부터 이어져 내려온 것은 아니지만 1403년 주자소 설치를 기준으로 할 때 600여 년의 역사적 기원을 갖는다. 또 근대 활판 인쇄기를 처음 도입한 박문국(1883), 최초의 민간인쇄소 광인사(1884)가 세워진 곳도 을지로2가였다.

이후 1910년 우리나라 최초의 상설 영화관인 경성고등연예관을 시작으로 경성극장, 낭화관, 중앙관 등이 을지로에 등장하면서 영화 전단지를 찍기 위한 인쇄소들이 을지로 영화관을 중심으로 형성되었고, 한국전쟁 후 을지로에 인접한 충무로까지 인쇄 골목이 형성됐다.

정확히는 인현동이지만 '을지로 인쇄 골목'으로 통하는 이곳은 1960년대에 형성되었다. 행정구역으로는 중구의 을지로동, 필동, 광희동 일대에 자리 잡고 있는 꽤 광범위한 인쇄소 밀집 지역이기도 하다. 인쇄업 관련 직종이 이곳 인현동에만 전국의 30%가 몰려 있다고 하니 그 규모가 대단하다고 할 수 있다.

하지만 1990년대 이후 어려움을 겪고 있다. 인쇄를 하던 사람들도 하나둘 떠나고 젊은 사람들은 인쇄를 하려 하지 않기 때문이다. 인쇄산업은 첨단 기기의 등장 등 인쇄기술의 발달과 디지털화로 시장 양극화가 심해지고 있기 때문이다.

4. 영희전, 장희빈과 숙종이 만나다

1) 영희전 터

영희전은 현재 중구 저동2가 중부경찰서와 영락교회 자리에 있었다. 본래 이곳은 세조의 장녀 의숙공주의 저택으로 중종 원년(1506)에 오빠이자 연산군의 처남인 신수근이 중종반정에 반대했다는 이유로 반정공신들에 의해 왕후의 자리에서 쫓겨 난 단경왕후 신씨가 거처하였다. 그 뒤 광해군 2년(1601년)에 이곳을 묘사로 꾸며 광해군의 생모인 공빈 김씨의 영위를 모시고 봉자전이라 하였으며, 광해군 11년(1619) 태조, 세조의 어진을 봉안하고 남별전이라고 하였다. 인조 15년(1637)에 중수하고 다시 원종의 어진을 봉안하였으며, 숙종 3년(1677)에 증건하고, 이어 숙종 16년(1690)에는 영희전으로 이름을 고쳤다. 어느 해 숙종임금이 영희전을 참배하고 돌아오던 길에 임금의 행차를 구경하던 한 여인을 만났는데 그 여인이 다름 아닌 장희빈이었다고 한다. 이후 영희전에는 숙종, 영조, 순조의 어진을 봉안하였으며, 매년 정초, 한식, 단오, 동지, 납일에 제사를 올렸다.

광무 4년(1900)에 영희전을 경모궁(창경궁, 동쪽 함춘원지) 터로 옮기고, 영희전 터에는 북부 순화방 창의궁 안에 있던 의소묘(정조의 형 의소세손을 향사하던 곳)를 이건하였다. 그러나 이 의소묘와 문희묘는 1908년 7월에 〈향사 이정에 관한 칙령〉에 의하여 신위가 매안되고, 궁묘는 국유에 이속되었으며, 1909년 6월에는 이곳에 있었던 건축물들이 철거되었다.

2) 균역청 터

균역청은 1750년(영조 26)에 창설된 병역세를 관장하던 관아로 중구 남학동 일대에 있었다. 영조는 이전에 매년 2필씩 내던 병역세를 1필로 줄이고 부족분은 어·염세와 선무 군관포 결작등의 징수로 보충하였다. 이에 따라 양민들의 부담이 경감되고 국가재정의 균형을 이루게 되었다. 1753년(영조 29) 균역청은 선혜청에 합병되었다. 이 자리에는 이후 일본인 교육을 위한 일출소학교가 있다가 광복 후 일신국민학교가 들어서게 되었고, 현재는 극동빌딩이 들어서 있다.

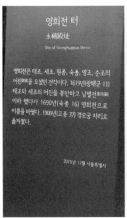
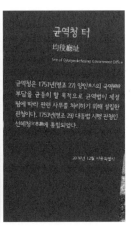

영희전 터 안내판   균역청 터 안내판

균역청은 조선 후기 균역법 시행에 따른 재정업무를 관할하던 관청으로 균청이라고도 한다. 균역법 시행에 따라 재정 결손을 보충하기 위해 결전과 군관포 은여결세를 신설하고, 어염세·선세도 새로 책정하여 균역청에서 관리하게 했다. 균역청에서는 이를 징수·관리하고, 각 관청에 급대(관청의 재정결손을 보충해주는 것)하는 업무를 맡았다.

1750년 균역절목청을 설치하여 영의정 조현명 이하 예조판서 신만·이조판서 김상로·김상성·사직 조영국·홍계회를 당상으로 임명하여 균역법 시행을 위한 사안을 마련하게 했다. 다음 해 9월 균역법을 시행하면서 정식 관청으로 승격하여 옛 수어청 자리에 설치하였다.

1753년(영조 29) 홍계회 건의로 선혜청에 흡수통합시켜 선혜청 도제조와 제조가 겸하여 관장하게 했다. 처음에 재정규모는 약 60만 냥이었는데, 이후 1755년 노비신공의 감필분과 기타 관청의 다른 비용 등 지원해 주어 지출 규모는 계속 증가하였다.

3) 일신국민학교 교적비 터

서울 일신초등학교는 1889년 경성일출공립심상소학교로 개교한 후 경성일출국민학교로 개명되었다. 1906년 8월 30일 소학교 학칙이 〈경성거류민단립심상고등소학교칙〉로 개정되면서 〈경성거류민단립심상고등소학교〉로 개칭되었고, 다시 1908년 3월 16일 통감부고시 제39호에 의해 경성거류민단립제일심상고등소학교가 되었다가 1910년 3월 30일 통감부고시 37호에 의해 경성거류민단립일출심상고등소학교가 된 것이다. 1911년 고등과가 폐지되면서는 일출심상소학교가 되었다.

일출소학교는 고종황제의 외동딸 덕혜옹주가 다닌 학교이기도 하다. 덕혜옹주는 1921년 4월 1일부터 일출소학교 심상과에 2학년으로 입학하였다. 그때까지는 한상룡의 딸 한효순(1920년 11세), 민영찬의 딸 민용안(10세), 이재곤의 딸 이해순(10세) 등 3명과 창덕궁에서 공부했다. 덕혜옹주는 1921년 5월 4일 덕혜라는 호를 받기 전까지 창덕궁 복녕당 아기씨로 불렸다. 덕혜옹주는 1925년 3월에 일본 학습원으로 강제 유학을 떠나게 되는데 그때까지 일출소학교에 재학하였다.

서울일신초등학교 교적비

5. 충무로, 진고개의 옛길

1) 이순신 생가터

이순신이 태어난 곳은 1545년 4월 28일 한성 건천동이다.

서울 명보극장 앞에는 충무공 이순신 생가터 표지석이 있다. 이순신(1545~1598)은 조선 중기의 명장이다. 선조 25(1592) 임진왜란 당시 옥포, 한산도 등에서 해전을 승리로 이끌어 국가를 위기에서 건져내었다. 선조 31년(1598) 노량에서 전사하였으며, 글에도 능하여 《난중일기》를 비롯하여 시조와 한시 등을 많이 남겼다. 생가터를 중심으로 을지로3가, 퇴계로3가 일대가 이순신 장군의 거리로 되어 있고 충무로라는 거리 이름도 충무로에서 따온 것이다.

최근 얼마 전에는 이순신 생가터가 현재 표지석에서 조금 떨어진 신도빌딩에 이순신 생가터를 표식해 놓은 걸 알 수 있다.

이순신 생가의 표석

신도빌딩

2) 류성룡 집터

류성룡은 6세에 《대학》을 배우고 9세에 《논어》를 읽었으며 16세에 향시에 합격했을 정도로 매우 영특했다. 스승인 퇴계 이황은 류성룡에 대해 '이 청년은 하늘이 내린 사람'이라고 극찬했다.

임진왜란 초기 류성룡은 군사를 모아 왜적과 싸웠고 조선을 돕기 위해 온 명나라 군대가 식량이 부족해 본국으로 돌아가려 하자 명군 수장을 설득해 조선에 남게 하기도 했다. 어린 시절부터 같은 마을에 살던 이순신을 알고 지낸 류성룡은 임진왜란이 일어나기 전 전쟁의 낌새를 알아채고 이순신을 정읍현감에서 6등급이나 승진시켜 전라좌수사로 발탁해 혁혁한

류성룡 집터 표석

공을 세우게 했다. 류성룡은 학식뿐 아니라 세상을 읽을 수 있는 안목까지 갖춘 사람인 듯하다.

6. 을지로 명동의 미래유산

600년 서울의 옛길 진고개길을 구석구석 밟아 보면서 과거와 현재가 공존하는 역사를 볼수 있었다. 현재는 명동, 충무로 지역은 부동산 가치가 높은 곳으로 세월의 흐름에 유적지의 모습을 간직한 유적지로서 새 건물을 짓고 표지석뿐인 곳이 많지만 옛길을 통해 미래를 볼 수 있는 혜안을 볼 수 있는 밑거름이 되는 안내서가 되길 바래본다.

안동장

우래옥

을지로 노가리골목

을지로 조명거리

명동 할매낙지

명동예술극장

유네스코회관

상동교회

14 구리개길, 약식동원(藥食同源)의 향기, 사람을 살리다

김향란
한국사스토리텔러
kkotsaem08@naver.com

이경희
현장체험학습지도사
khlee0315@naver.com

'구리개길'은 조선시대의 대표적인 약방거리다. 이곳은 오늘날 을지로 입구에서 광희문에 이르는 길로, 구리개 일대는 조선시대 의료와 밀접한 지역이었다. 이곳에 대민의료기관이던 혜민서가 있었기 때문인데, 지금은 서울 지역의 약재상들이 경동시장에 모이지만, 조선시대에는 혜민서 가까이 있던 구리개 일대가 서울의 대표적인 의원과 약방거리였다.

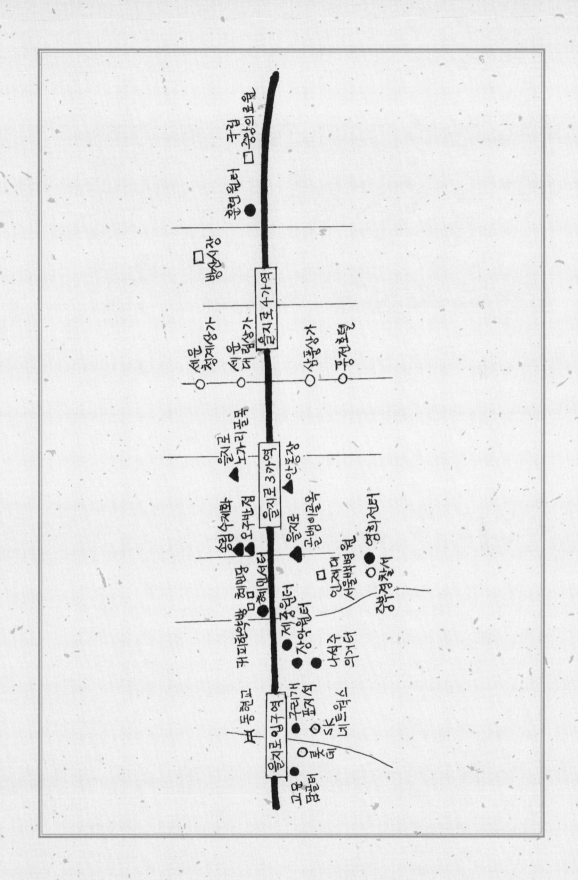

1. 구리개(仇里介)

구리개 안내판

남산에서 바라본 구리개 제중원

구리개는 중구 을지로1가와 2가 사이에 있던 나지막한 고개로, 구리고개·동현·운현·구름재라고도 하였다. 황토흙으로 된 이 고개는 땅이 몹시 질어서 먼 곳에서 보면 마치 구리가 햇볕을 받아 반짝이는 것 같으므로 구리빛이 나는 고개라 하여 구리고개 또는 줄여서 구리개라 불렀다. 《도성삼군문분계총록》이나 《육전조례》에는 구리개(仇里介)라고 표기하였으며, 갑오개혁 무렵에는 구리개를 한자로 음역하여 동현(銅峴)이라고 하였다.

"동현을 보통 구리개라고 한다. 보은단동과 마주 있는 마을이며, 또 구름재라고도 한다. 방언으로 구리와 구름이 비슷한 까닭이다."《한경지략》〈각동조〉

원래는 구리개라 한 것이 구름재라고도 불렸으며, 한자명으로 음역하여 운현이라고도 하였다. 구리개는 1914년 구리개와 뜻이 통하는 황금정으로 바뀌었으며 광복 후 1946년 10월에 일제식 동명을 우리말로 고칠 때 살수대첩의 명장 을지문덕 장군의 성을 따서 을지로로 개칭되었다.

2. 고운담골

현재 명동 롯데호텔 주변 일대가 고운담골이 있었던 곳이다. 고운담골은 홍순언이 명나라에 갔을 때 도움을 준 여인이 훗날 은혜를 갚고 보은단(報恩緞)이라 수놓은 비단을 주었다는 이야기로 인해 보은단골로도 불렸다.

고운담골은 홍순언과 많은 부분이 연관된 곳으로 지명에 얽힌 유래 역시 홍순언과 관련이 있다. 역관 홍순언은 조선 선조 때의 한어역관으로 종계변무(宗系辨誣)를 해결하는데 큰 공을 세웠으며, 임진왜란이 발생했을 때에도 명나라가 원병을 파견하는데 큰 공을 세운 인물이다. 그리고 고운담골 지명의 유래가 되는 '보은단 이야기'는 그가 종계변무를 해결하는 과정에서 파생된 이야기로, 이 이야기는 약 39가지의 야담과 소설 등으로 전해지고 있다.

홍순언이 젊은 시절에 중국의 북경에 이르렀다. 그곳 술집의 주인에게서 한 여인을 만났는데, 사연을 들으니 부모의 묘를 이장할 돈을 지불하기 위해 팔려왔다고 하였다. 홍순언은 그녀의 효성을 갸륵하게 여겨, 돈 200냥을 대신 갚아주었다.

홍순언이 역관 업무를 마치고 떠날 때가 되자 그녀는 다시 홍순언을 초대하였다. 그녀는 홍순언을 황금으로 만든 안락의자에 앉히고 술을 대접하였다. 술자리가 끝난 뒤, 그녀는 오색 비단 각 20필을 선물로 주었는데, 매 필마다 '보은단'이라는 세 글자가 수놓여 있었다.

"이건 제가 손수 짠 것입니다. 돌아가서서 옷감으로 써 주신다면, 베풀어 주신 은혜에 만분의 일이라도 갚을 수 있겠지요."

홍순언은 바닥에 엎드려 굳이 사양하였다. 귀국길에 오른 홍순언이 봉성에 이르렀을 때, 네 사람이 붉은 비단과 부인이 손수 쓴 편지를 들고 오는 것이었다. 홍순언은 사

고운담골 표지석

고운담골(보은단동)

신에게 아뢰고 그것을 받아 가지고 돌아갔다. 임진왜란이 일어났을 때, 석성(石星, ?~1597, 중국 명나라의 문신)이 우리나라에 도움을 준 것도 또한 부인이 도와주었기 때문이었다. 이런 연유로 홍순언이 살던 동네를 '보은단동'이라고 부르게 되었다. '보은단 이야기'로 인해 고운담골은 처음에는 보은단골로 불렸으며, 그 뒤 고운담골로 변음되었다고 한다. 고운담골은 후에 보은동, 미장동(美墻洞)으로도 불렸다.

3. 제중원

제중원은 본래 재동의 헌법재판소 자리에 있었는데, 이 병원을 찾는 환자가 너무 많아 비좁아서 개업 2년 뒤인 1887년 이곳 구리개로 옮겨왔다. 현재 을지로2가 181번지 하나금융 명동사옥 뒤편이다.

처음 명칭은 국립광혜원이었다. 1876년 문호개방 이후 고종과 조선 정부는 총체적인 근대화 작업에 착수하였다. 이때 의료 근대화도 구상하였다. 갑신정변 당시 미국 북장로회 의료선교사 알렌이 우정국사건으로 중상을 입은 민영익을 서양의술로 살림으로써 서양식 국립병원 설립이 가속화되었다. 고종은 알렌의 서양식 병원 건립 건의를 받아들여 1885년 2월 29일(음력) 광혜원을 설치하였는데, 이것이 곧 한성 재동에 설치된 국립병원이었다. 건물은 홍영식의 집(지금의 헌법재판소 자리)을 쓰게 하였는데, 광혜원이라는 명칭은 2주일 만에 백지화되고, 그해 3월 12일에 새로 제중원이라는 이름을 붙여 개원 당시부터 소급 적용하였다. 9년 만에 경영권도 완전히 미국 북장로교 선교부로 이관되었다. 미국인 실업가 세브란스의 재정지원으로 1904년에 남대문 밖 복숭아골로 현대식 병원을 지어 옮기고 세브란스병원이라 하였다.

외환은행 본점 화단-표지석 이전   〈경성전도〉 제중원전   재동 제중원   구리개 제중원

에비슨에 의하여 1899년 제중원학교가 설립되었다가 1904년 세브란스병원으로 개편되면서 제중원이라는 이름은 자취를 감추게 되었다. 제중원의학당이 개교할 때, 조선 정부는 건물과 예산을 제공하고 학생들을 선발했으며, 제중원 의사 알렌은 교수들을 섭외하고 교육에 필요한 의학 도구 등을 준비했다. 1890년경 제중원의학당의 의학교육은 중단된 듯하고, 정식 졸업생은 단 한 명도 배출되지 않았다.

4. 장악원(掌樂院)

을지로2가 181번지 하나금융 명동사옥 자리에는 오늘날 국립국악원격인 장악원이 있었다. 장악원은 이름 그대로 모든 궁중의식에 따른 음악과 무용을 담당하는 기관으로 예조에 속하였다. 장악원이 담당하는 궁중의식으로는 종묘, 문묘, 사직 등의 제례의식(祭禮儀式)과 왕이 문무백관을 거느리고 조회하는 의식, 그리고 궁중잔치인 연향(宴享), 외국사신을 접견하는 대사객(待使客) 의식이 있었다.

장악원은 태조 원년(1392)에 설치되어 전악서(典樂署)라 불리어지다가 세조 4년(1458) 장악서(掌樂署)로 개칭되었으며, 다시 성종 원년(1470) 장악원으로 바뀌었다. 시대에 따라 이원(梨園), 연방원(聯芳院) 등으로도 불리었다. 원래 이 관아는 성종의 명으로 한성부 서부 여경방(餘慶坊, 오늘날 중구 태평로), 태상시(太常寺) 동쪽의 민가를 철거하여 세웠다. 이곳에는 넓은 뜰이 있어서 문무백관들이 음악에 맞춰 왕에게 조하(朝賀)하는 의식을 연습하였다. 그

장악원 터 표지석

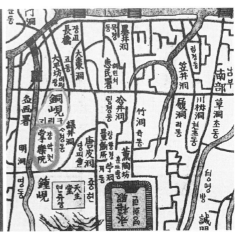

한성부지도 속의 장악원

러나 임진왜란으로 건물이 불타버려 이곳 구리개로 옮긴 것이다.《한경지략(漢京識略)》〈궐외각사조(闕外各司條)〉에는, 이 장악원 터가 풍수지리적으로 몹시 터가 세고 불길한 곳이기 때문에 이러한 음악을 공부하는 기관을 두고 그 억센 기세를 눌러보려고 했다는 것이다.

성종 때에는 장악원에 악공(樂工)과 악생(樂生) 971명을 두었으나, 임진왜란 이후에는 수를 줄여 641명이 되었다. 악공과 악생이 결원되면 전국 8도에 고르게 배정하여 충원하였다. 악공은 공사비(公私婢) 또는 무녀(巫女)와 같은 천인의 자녀 중에서 선발하였고, 악생은 정리(丁吏) 또는 보충군(補充軍) 등의 양인 자식들 중에서 선발한 뒤 시험을 치러 뽑았으며, 그중 15명은 맹인이 소속되었다.

연산군 때는 장악원에 관원을 증원하여 많은 기생과 악공을 교육시켜 연산군의 향락을 위한 기구로 운영하였으나 중종반정 후 환원되었다. 1882년 임오군란 후 일본군 1개 대대가 도성에 들어왔을 때 그 일부가 장악원 악생들을 내쫓고 주둔하였으며, 1904년 러일전쟁이 일어나자 다시 일본군이 장악원을 장악함으로써 장악원은 중림동 등지로 이전하였다.

항일독립 시기에는 장악원 터에 조선에 대한 착취기관인 동양척식주식회사가 들어섰다. 이 회사는 조선에 대한 토지조사사업을 실시하여 한국농민으로부터 토지를 수탈하고 착취하는 것을 목적으로 세워졌으며, 한국농민을 소작인으로 전락시켰는데 소작료가 5할이 넘었다고 한다.

이에 의열단 단원으로 중국에서 항일운동을 전개하던 나석주 의사가 1926년 12월 26일 인천을 경유, 서울에 들어온 뒤 동양척식주식회사의 수위실을 기습하여 수위와 사원, 토지개량부 기술과 차장 및 과장 등을 총으로 쏘아 일본인 3명을 사살하고 4명에게 부상을 입혔다. 이어 나 의사는 폭탄 1개를 기술과에 던졌으나 불발로 끝나자 곧바로

나석주 의사 의거 기념터 및 동상

동양척식주식회사

을지로 전차길을 따라 달렸다. 그러나 추격하는 일본경찰에 더 이상 대적할 수 없음을 깨닫고 자신의 가슴에 권총을 쏘아 자결하였다. 이 건물은 광복 후에는 신한공사, 국방부, 보건부, 내무부가 한때 사용하였다.

5. 혜민서(惠民署)

현재 외환은행 본점 동쪽인 을지로2가 192번지에는 조선시대에 의약(醫藥)과 서민의 병을 치료하던 관아인 혜민서가 있었다. 혜민서는 조선 태조 원년(1392) 고려의 혜민고(惠民庫) 제도를 계승하여 혜민국(惠民局)을 설치했다가 세조 12년(1466)에 혜민서로 개칭하였다.

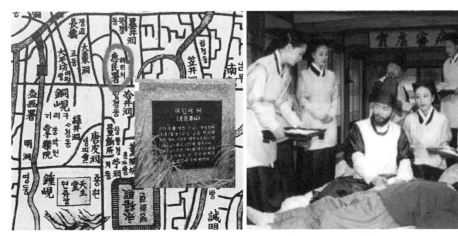

한성부지도 속의 혜민서 및 안내판   혜민서 장면(드라마 〈허준〉 캡쳐)

6. 약방기생

혜민서와 관련된 것으로 약방기생(藥房妓生)을 빼놓을 수 없다. 조선시대 한의사들은 모두 남자였기 때문에 남녀가 유별했던 당시 지체 높은 부녀자들을 진찰할 때는 문틈으로 손목만 내밀고 맥을 짚어보거나, 궁중에서는 실을 팔목에 매고 그 끝을 잡아서 진맥을 했으니 답답한 노릇이었다. 그래서 생긴 제도가 약방기생이다. 전국의 관기(官妓)

가운데 똑똑한 여자를 뽑아 혜민서에서 교육시켜 약방기생으로 임명하여 부녀자들에 대한 치료를 전담하게 하였다. 궁중에서는 약방기생을 여의생(女醫生)이라 불렀는데, 정원은 70명이었다.

7. 한약종거리(약방거리)

혜민서가 구리개에 있으므로 해서 구리개는 한약종거리로서 전국에서 유명하였다. 길 좌우에는 '동의수세보원(東醫壽世保元)'이니 '연년익수(延年益壽)'라고 크게 써서 붙여 한약상이라고 표시한 가게가 즐비하였다.

구리개가 한약종상의 전문거리가 된 유래는 다음과 같다. 조선왕조가 한양에 도읍을 정하면서 옛 제도를 답습하여 의료기관으로 세 기관을 두었다. 즉, 궁중의료기관으로서 내의원(內醫院)과 의학을 가르치는 학교로서 전의감(典醫監), 그리고 혜민서를 두었다. 이 가운데 전의감에는 예비의사격인 전함(前啣) 60명과 생도 50명을 양성하였는데, 이들의 생활보장을 위해 약종상(藥種商)을 운영할 수 있는 특전을 주고, 구리개에서 집단적으로 개업할 수 있도록 허가해 주었다.

이들 세 의료기관의 허가가 없이는 구리개 뿐 아니라 다른 동네에서도 마음대로 의약업을 할 수가 없었다. 그 제도가 엄할 때는 시골에서 약재를 지고 온 사람은 반드시 구리개에서 약재를 팔아야 했고, 이를 구입한 구리개 약종상들이 변두리 약국에 약재를 다시 팔았던 것이다. 말하자면 구리개 약종상들은 약재상의 전매특권을 장악한 것으로 장안에서는 구리개에서만 약재의 도매가 이루어졌다. 변두리가 아니더라도 구리개 이외의 약방은 '변지약방'이라고 했는데, 이들 '변지약방'에서는 시골에서 지고 들어

혜민당   커피한약방   옛 약방거리

온 약재를 공공연히 사지 못했고 단지 몰래 암거래할 뿐이었다. 또 매년 10월부터 12월까지 대구, 전주, 원주에서 열렸던 약령시(藥令市)에는 궁중에 바치는 약재를 담당하는 심약(審藥)이 내려가서 감시 감독을 하는데, 이들은 구리개 약종상들에게 여러 가지 편의를 제공했다고 한다. 그러나 1880년대부터 일본인들이 우리나라에 들어오면서 명동과 충무로에 근거지를 잡더니 이윽고 구리개 쪽으로 손을 뻗치자 구리개 한약방들은 차츰 그 모습을 감춰버리고 지금은 그 흔적조차 찾을 수 없다.

8. 서울미래유산

1) 을지로 골뱅이 골목

을지로3가역 11번 출구와 12번 출구 사이의 '수표로'는 골뱅이 무침을 전문으로 하는 오랜 전통의 골뱅이 집들이 모여 있어 '을지로 골뱅이 골목'이라 불린다.

을지로는 일제강점기 시절 금융기관과 각종 상회가 밀집한 경성의 상업 중심지였다. 또한 영화관이 이 일대에 몰려 있어 영화 홍보 전단을 인쇄하는 업체와 조선시대부터 있어온 한지 가게들로 자연스럽게 인쇄 골목으로 성장하게 됐다. 을지로 골뱅이 골목은 이 인쇄 골목을 기반으로 탄생하게 됐다. 골뱅이무침은 원래 인쇄 노동자들을 대상으로 구멍가게에서 내놓던 인기 술안주였으나 구멍가게들이 골뱅이 가게로 업종을 변경하면서 지금의 골뱅이 골목이 형성됐다.

을지로 골뱅이 골목

을지로 골뱅이 골목 위치

2) 안동장(安東莊)

안동장

안동장은 서울에서 가장 오래된 중식당으로 중구 을지로 124에 위치하고 있다. 안동장은 1948년에 개업하여 3대째 가업을 이어오고 있는 중식당으로 상호의 '안동'은 중국 산둥성에 있는 지명에서 따온 것이다. 가게 안에는 오래전에 사용하였던 '안동장' 현판이 남아 있다.

과거 전쟁을 피해 중국에서 인천으로 건너온 창업주가 화교가 운영하던 중식당에서 기술을 익혀 1948년 지금의 피카디리 극장 근처에서 개업한 것이 안동장의 시작이다. 1950년 종로 일대의 재개발이 이루어지면서 지금의 위치로 이전하였으며, 창업주의 아들이 대를 이어 안동장을 운영하게 되었다. 현재 안동장의 운영주는 창업주의 손자로 3대 대표를 맡아 식당을 운영한다. 안동장의 주메뉴는 마늘과 굴을 듬뿍 넣은 굴짬뽕이며, 곱게 다져 양념한 새우살을 빵 사이에 넣어 튀겨 만든 멘보샤도 유명하다.

안동장의 일일 평균 이용객은 500명 정도로 대부분 인근 주민들과 직장인들이다. 안동장은 70년에 가까운 세월을 한곳에서 3대째 대를 이어 한결같은 맛으로 서울 시민의 입맛을 사로잡아온 서울 최고(最古)의 중식당으로 식문화사 측면에서 보존 가치가 높은 미래유산이다.

3) 오구반점

한국전쟁 직후인 1953년 문을 연 오구반점도 을지로 통의 터줏대감이다. 이름이 특이한 60년 전통 중국집으로 군만두가 유명한데 주소가 5-9번지라서 오구반점인데, 주인의 큰아들 이름 또한 오구라고 지었다.

오구반점

4) 을지로 노가리 골목

을지로를 사이에 두고 남쪽 골목이 골뱅이 골목이라면 북쪽 골목은 노가리 골목이다. 노가리와 맥주라는 우리나라 특유의 술문화가 특화되어 있는 장소이다.

을지로 노가리 골목은 1980년대부터 형성되었으며, IMF 경제 위기를 계기로 노가리 골목을 찾는 손님이 폭발적으로 증가했다. 이후 지금까지 주당(酒黨)의 사랑을 받고 있다. 호프집 10여 곳이 모여 있는 노가리 골목은 저녁이 되면 야외 테이블까지 빈자리를 찾기 어려울 정도로 손님이 몰린다. 손님이 앉으면 따로 주문이 없어도 생맥주와 노가리가 사람 수대로 나온다. 노가리 골목의 원조인 '을지OB베어'는 1980년 당시 생맥주 체인인 OB베어 호프집으로 출발했다. 이 집을 연 강효근 씨는 황해도 출신인데 그곳에서 김장에 넣어 먹던 동태의 맛을 잊지 못하다가 맥줏집을 개업하면서 노가리를 안주로 내놓았다. 초창기에는 500cc 한 잔에 380원, 거기에 100원짜리 안주를 더하면 500원도 안 되는 돈으로 생맥주 한잔을 즐길 수 있었다.

골목의 두 번째 가게는 뮌헨호프다. 을지로에 왔다가 OB베어에 자리가 없을 정도로 사람이 넘치는 것을 보고 1989년 맥주의 본고장 뮌헨의 이름을 따 가게를 열었다. 한국의 옥토버페스트(Oktoberfest: 독일 뮌헨에서 매년 열리는 맥주 축제)라는 만선호프는 우리나라에서 맥주가 가장 많이 팔린다는 곳이다. 가게 안은 물론 가게 앞 골목도 맥주잔을 앞에 둔 손님들의 이야기로 떠들썩하다.

을지로 노가리 골목에서는 보통 하루에 맥주 60톤 정도를 판매한다. 이 중에 장사가 가장 잘되는 만선호프에서는 하루에 맥주 40톤을 팔고 있으며, 다음으로 뮌헨호프에서 하루에 맥주 12톤 정도를 파는 것으로 알려져 있다. 을지로 노가리 골목 가게들은 을지로 상인협회에 소속되어 현재까지 20년 이상 활동하고 있으며, '을지로 노가리호프번영회'를 별도로 조직하여 활동하고 있다. 노가리호프번영회는 매년 5월 중에 을지로 노가리 축제를 열고 있으며, 축제 당일 수익은 모두 불우이웃돕기행사에 기증한다. 축제 때는 노가리 골목 전체에서 맥주 80톤 정도를 판매한다고 한다.

을지로 노가리 골목 전경

을지로 노가리 골목 위치

9. 훈련원공원

　훈련원공원은 지금의 방산동 18번지 일대로 훈련원이 있던 곳이다. 훈련원은 병사의 무술훈련 및 병서, 전투대형 등의 강습을 맡았던 곳이다. 훈련원은 조선 태조 원년(1392)에 설치되어 처음에는 훈련관으로 불렀는데 태종 때 이곳으로 옮겨 청사 남쪽에 활쏘기 등 무예를 연습하고 무과시험을 보는 대청인 사청을 지었으며 세조 12년(1466)에 훈련원으로 고쳤다. 많은 무장들이 이 훈련원에서 오랜 기간 동안 시험과 봉직의 과정을 거쳤는데 충무공 이순신이 별과시험에서 말을 달리다가 실수로 낙마하여 왼쪽다리에 부상을 입은 곳도 이 훈련원이고, 봉사 참군 등 하위관직이 여러 해 동안 복무하던 곳도 훈련원이었다.

　중종반정(1506) 때 박원종 등이 훈련원에 모여서 장사들을 나누어 배치하고 밤중에 창덕궁 진입로에 진을 친 일도 있었다. 그러나 5백여 년의 역사를 갖고 여러 가지 군사 관계의 일을 집행하던 훈련원도 국가의 대세가 기울어짐과 함께 막을 내리게 되었다. 1907년 8월에 체결된 한일신협약(일명 丁未7조약)에 의해 훈련원에서 군대해산식이 거행되고 한국 군인들에 대한 무장해제가 집행되었다. 이 군대해산으로 비분한 감정을 억제하지 못하던 장병들은 일본 당국이 지급한 은사금을 거부하고 의병부대에 합류함으로써 이제까지 재래식 무기와 체계적인 훈련을 받지 못한 채 활동하던 의병전쟁에 새로운 활력소가 되었다. 같은 해 12월 이인영과 허위가 중심이 된 서울진공작전도 신식무기와 병술에 익숙한 해산군인이 중심이 되었다. 이후 이들은 일본의 토벌작전이 치열해지자 그 활동무대를 국외로 옮겨 간도와 러시아 등지에서 무장독립투쟁을 전개하였다.

　한편, 현재의 훈련원공원 및 주차장이 건설되기 이전 이곳에는 적벽돌로 장식되고 내부 구조는 백두산에서 벌목되어 압록강을 따라 황해로 운반된 육송으로 지어진 목조건

훈련원 옛모습

훈련원공원

물이 있었다. 이 건물 철거시 회수한 목재를 가공하여 여기 안내판을 제작하는데 사용함으로써 옛 내음을 보존하고자 하였다.

10. 국립중앙의료원

국립중앙의료원

국립중앙의료원은 중구 을지로 245 소재지로 훈련원공원 맞은편에 있다. 한국전쟁 후 전상병과 환자 진료와 의료요원 교육을 목적으로 스칸디나비아 3국, 국제연합한국재건단, 한국정부가 함께 설치한 공공의료원이다.

1950년 한국전쟁이 발발하자 유엔 안보리는 16개국으로 구성된 국제연합군을 한국에 파견했고 북유럽의 덴마크 노르웨이 스웨덴은 의료단을 파견했다. 1953년 7월 휴전협정 이후 북유럽 3국의 의료단이 본국으로 귀환하자 한국 정부는 유엔을 통해 의료지원을 재요청했다. 1953년 10월 스칸디나비아 3개국 대표는 UNKRA와 중앙의료원 건립계획에 합의했다. 1956년 3월, 한국 정부와 스칸디나비아 3국 정부, 유엔의 한국재건단(UNKRA)은 '한국의 메디컬 센터 설립과 운영에 관한 협정'을 체결했다. 서울특별시 중구 을지로 245 위치에 1956년 9월 공사를 착공하여 1958년 10월에 준공한 후 3국 공동운영체재로 국립중앙의원을 개원했다. 1967년까지 10년간 1, 2차 협정을 거쳐 연 370여 명에 이르는 스칸디나비아 의료진이 국립의료원에 주재했다. 1968년에 대한민국 정부에서 운영권을 인수했다.

1980년에 대규모 병원 증축과 개축공사를 시작해서 1983년에 완공했으며 1990년에 병상을 증설하고 2002년에는 장례식장을 준공했다. 당시 현대식 설비와 장비를 갖춘 병원으로 개원한 후 의료인 양성 등에 선도적 역할을 수행하여 의료시설의 현대화, 의료기술의 선진화 등 우리나라 의학 및 문화 발전에 커다란 교량적 구실을 수행한 병원이자 전쟁으로 상처받은 국민들에게 큰 위안과 희망을 안겨 준 공공의료원이다. 또한 스칸디나비아 국가들과의 교류가 50여 년 동안 지속될 수 있도록 매개체 역할을 한 의미를 갖고 있다.

서울 옛길 사용설명서
– 서울 옛길, 600년 문화도시를 만나다

지은이 | 한국청소년역사문화홍보단 | 오정윤 주정자 박미정 김미애 우덕희 윤난희 박경미 신지연
　　　　　이래양 이현주 장미경 장미화 홍명옥 장경실 이정희 조경주 김수영 김재랑 김은영 박연주
　　　　　최승은 최은례 이옥희 정현옥 박광혁 전수진 조태희 최경화 김향란 이경희
펴낸이 | 황인원
펴낸곳 | 도서출판 창해

신고번호 | 제2019-000317호

초판 인쇄 | 2020년 07월 13일
초판 발행 | 2020년 07월 21일

우편번호 | 04037
주소 | 서울특별시 마포구 양화로 59, 601호(서교동)
전화 | (02)322-3333(代)
팩시밀리 | (02)333-5678
E-mail | changhaebook@daum.net / dachawon@daum.net

ISBN 978-89-7919-194-3 (03980)

값·18,500원

ⓒ한국청소년역사문화홍보단, 2020, Printed in Korea

이 도서의 국립중앙도서관 출판예정도서목록(CIP)은 서지정보유통지원시스템 홈페이지(http://seoji.nl.go.kr)와 국가자료종합목록 구축시스템(http://kolis-net.nl.go.kr)에서 이용하실 수 있습니다.(CIP제어번호 : CIP2020027830)

Publishing Club Dachawon(多次元)
창해·다차원북스·나마스테